嘿，下午茶

大好き！アフタヌーンティー

[日] 辰巳出版株式会社／编著　　谷文诗／译

U0250994

江苏凤凰科学技术出版社

目录

 Part1 人气料理研究家的茶会

Part2 理子夫人的英式下午茶课程

Part3 最佳下午茶餐厅指南

Part 1
人气料理研究家的茶会

一听到"下午茶",以及"茶会"这两个词,

心就控制不住地怦怦直跳。

在悠闲的午后,拿出珍藏已久的茶壶,沏一杯美味红茶。

喜爱的茶杯中飘出阵阵茶香,漂亮的茶水颜色瞬间抚慰心灵。

刚烤好的司康饼、各种颜色的三明治、可爱的小点心,

以及朋友间永远说不腻的悄悄话

——女性最喜欢的东西全部聚集于此。

本书邀请同样非常喜欢"下午茶"的各位人气料理家举办茶会,

并拜托她们制作司康、三明治以及酥皮茶点三种食物。

书中不仅有各位人气料理家珍藏的茶点配方、喜欢的红茶和茶具,

还有她们关于茶会的点点回忆。

希望大家在阅读时,

能够有一种自己在和她们愉快热烈地交谈的现场感!

福田淳子的茶会

福田老师寄给童年自己的邀请函

◆ 福田淳子 ◆

福田淳子曾是一个特别喜欢阅读外国儿童文学作品的小姑娘。因为那些书中，充满了她未曾听过、见过的美妙事物。《长腿叔叔》中茱迪用零用钱买下的"丝绸袜子"、《小妇人》中出现的圣诞礼物——"室内鞋"《绿山墙的安妮》中的"草莓水"……这些究竟都是什么呢？在众多新鲜事物中，"茶会"这个词屡屡出现在各种故事里，它的音韵特别美妙，一看到"茶会"二字，她的一颗少女心就兴奋地怦怦直跳，一直在幻想茶会是何种模样。

升至小学三年级的那一天，她决定办一次茶会。首先，她在母亲的衣柜里寻找类似《爱丽丝漫游奇境记》中爱丽丝穿的那种带荷叶边的白色女仆装，但是没有找到。只找到了一件白色围裙，母亲只有在葬礼、婚礼等亲戚聚集的场合才会穿上它，淳子决定用它来替代女仆装。又到附近的超市挑选了包装袋上写着"乐之"的一些别致的、时髦的外国点心。接下来终于到了布置餐桌的阶段，家里只有日式风格的"矮桌和坐垫"，这和外国"茶会"的形象稍有不同，但也可以凑合。可茶具怎么办呢？淳子家的生活方式基本都是日式风格，一直用的都是茶碗，但茶会上可不能用茶碗呀。她在餐具架的最里面，找到了带托盘的茶杯和柠檬茶粉，这些只有在老师来家访的时候母亲才会拿出来用，非常高级。最后，她摘了一点院子里奶奶精心培育的鲜花做装饰。虽然有一点像佛龛前供奉的花，但是也只能如此。

活跃于书籍、杂志、广告等领域，从事企业菜单研发、新店开办、绘本食谱主编等工作。擅长于针对一个主题进行深入挖掘研究。著有《美式手工甜点》《快乐亲子厨房1：我的拿手好料理》等书，是《小熊学校杰克的最爱！薄饼书》等多部书的料理监制。

Menu

淡奶油司康（P13）

玫瑰酱（P14）

4种德文郡奶油（P15）

紫罗兰水果蛋糕（P17）

鸡蛋水芹三明治（P19）

3种挤花曲奇（P20）

【玫瑰&果酱&Z字形曲奇】

成年人的草莓水（P22）

▲ 说到茶会，一般是从写邀
请函、收邀请函开始的。
因此，人们对美丽的卡片、
信封套装非常着迷。
图中右侧是一套美国"克雷
音集团(Crane Company)"
品牌的卡片和信封。

　　福田老师说道："朋友们当时冷不防收到来我家参加茶会的邀请函。现在回想起来，他们当时应该觉得摸不着头脑吧。但我自己当时特别地得意。真是给大家添麻烦了呢。想要和大家道个歉。"

　　当年那个依靠自己拼命想象来办茶会的少女，现在也已经嫁为人妻，出版了数册制作点心的书，成为了料理研究家。

　　今天，就请福田老师办一场"小淳子梦想中的茶会"。

1. 茶会当天,为了感谢我平时对他的照顾,意外从朋友那儿收到这束花。童年的我曾经也非常想要在茶会上饰以这样的鲜花。

2. 福田老师:"我小的时候特别希望桌子上能有一张名牌,上面写着自己的名字。"

3. 刀叉是在法国古董店里购买的纯银制品。我很向往举办使用银质刀叉的茶会。

4. 针织的长筒靴、格子花呢的毛毯、西式小茶壶……青山米露可老师在《牛奶饼干时间》中,将我们想象中的许多物品绘制成了具体的画作。

淳子太太喜欢沏好的红茶

在茶会上，有很多享用红茶的方式。第一道茶时，可以品味纯红茶，闲聊间壶中的茶逐渐变浓；第二道茶时就可以加入牛奶做成奶茶，或者加入开水将茶调成自己喜欢的浓度等等。但福田淳子老师总是在煮茶的茶壶中将茶煮到最佳浓度，之后取出茶叶，将茶水倒入另一个茶壶中，端上桌供客人饮用。她的理由是"这样做就可以使茶水一直保持在最佳状态。"

淳子太太的茶会上另一种必不可缺的饮品就是香草或水果浓缩液——"糖浆苏打"。考虑到不喜欢喝红茶的宾客和孩子，淳子老师准备了不含咖啡因的饮品，这种时尚的无酒精饮料，会使人心情愉快。

据说是因为儿童读物《欢乐满人间》中出现了名为"酸橙果汁糖浆"的饮料，淳子老师对此一直非常向往，所以才会制作"糖浆苏打"。

最近在日本也很容易买到"水果浓缩糖浆"，所以她会为了茶会常备一些。

1. 结婚时收到的贺礼——丹麦皇家哥本哈根瓷器"青花"系列咖啡杯。因为容量很大，也用它来喝红茶。之后又买了和咖啡杯匹配的茶壶。杯子的图案是手绘的，每一个都不同，非常有趣。
2. 出现"酸橙果汁糖浆"的儿童读物——《欢乐满人间》。福田老师说道，因为名字中"加糖"的含义，所以这款饮料可能是在酸橙糖浆中兑入水或苏打水。

Tea

朋友们喜欢红茶，常常带来一些很有趣的红茶。

1. "史蒂文·史密斯茶叶工厂（STEVEN SMITH TEAMAKER）"No.55。乌沃红茶、顶普拉红茶、阿萨姆红茶品牌。
2. "古姆茶（GOOM TEA）"。印度古姆茶（GOOM TEA）茶园的大吉岭春摘茶。
3. 乐多世马默特斯（LESDEUX MARMOTTES）。法国的香草茶，包装非常可爱。
4. "立顿"的斯里兰卡红茶。
5. "福南梅森（FORTUNM & MAYSON）"的经典伯爵格雷红茶。
6. "远叶茶（Far Leaves Tea）"的柠檬姜茶。购于美国伯克利。有机茶叶。

7. "健康集团（TWG Tea）"的兄弟俱乐部茶叶（Brother's Club Tea）。混有浆果和柑橘类，买来做冰红茶。
8. "川宁（TWININGS）"的伯爵格雷红茶。
9. "拍客（PEKOE）"的中国台湾花莲蜜香红茶。
10. "莱福士酒店（Raffles Hotel）"的薄荷红茶，我最喜欢的红茶。
11. "爱有机（LOVOR GANIC）"的茶包是棉质的。巴黎特产。
12. "馥颂（FAUCHON）"的早餐茶。
13. "库斯米茶（KUSUMI TEA）"的圣彼得堡红茶。
14. "贝诺亚（Benoist）"的乌沃红茶。
15. "玛黑兄弟（Mariage Frères）"的马可波罗红茶。

想要通过充分地烘烤，营造松脆的口感。
但也希望司康尝起来有一点软糯，
做出和茶会相匹配的高级味道。
在这里向大家介绍一款
填入满满鲜奶油烤制而成的"淡奶油司康"。
让我们抹上厚厚的德文郡奶油和玫瑰酱，享受美味吧。

淡奶油司康

材 料

〔可制作 7~8 个直径 5.5 厘米的菊形司康〕

A
低筋面粉 125 克 ／ 高筋面粉 125 克
发酵粉 1.5 大匙 ／ 砂糖 2 大匙 ／ 盐 1~2 克

黄油（无盐）25 克 ／ 搅匀的蛋液（1/4 个鸡蛋的量）
鲜奶油 150~180 毫升
＊ 推荐使用乳脂含量在 40% 以上的鲜奶油

制作方法

将黄油切成边长为 0.5 厘米的立方体，放入冰箱中冷藏保存。低筋面粉和高筋面粉过筛备用。随后将 A 中材料放入碗中搅拌均匀。加入黄油，用手揉搓搅拌至没有疙瘩 (a)。在碗的正中间拨出一个凹陷处，注入鲜奶油，用手搅拌均匀 (b)。此时，需要特别注意：当鲜奶油超过 150 毫升时，要一点点斟酌控制加入量，以防面团发黏。用刮板将面团切段，切好后摞起再切，反复多次，这样可以使司康在烤制时产生漂亮的层次 (c)。

将面团置于两张保鲜膜之间，用擀面杖擀成 2.5 ～ 3 厘米厚的面饼 (d)。在面团上拍一些高筋面粉，用模具做出直径 5.5 厘米的菊形胚 (e)。将剩下的面团揉在一起 (f)，用擀面杖擀成 2.5 ～ 3 厘米厚的面饼，再用模具做出直径 5.5 厘米的菊形胚。将做好的司康胚用保鲜膜包好放入冰箱冷藏约 1 小时。将烤箱预热至 190℃。在烤盘中铺好烤箱纸（烤盘不用预热）。将司康放入烤盘内，将提色用的蛋液过滤后，用刷子刷在司康表面，放入烤箱烘烤 25 ～ 30 分钟，温度为 190℃。烤好后涂抹德文郡奶油或果酱（材料外）食用。

　　在种类众多的玫瑰酱中，福田老师最喜欢的就是这一种——意大利老店"皮埃特罗洛曼尼戈芙斯蒂法诺（Pietro Romanengo Fu Stefano）"生产的"玫瑰酱"。该品牌所用玫瑰栽培于修道院，不使用任何农药，由修女们亲手摘取。玫瑰酱由花瓣与砂糖、葡萄糖、柠檬汁一同熬制而成。不使用任何保鲜剂和胶凝剂。非常适合搭配这款司康食用。

4 款德文郡奶油对比

　　下面将对比几款司康伴侣——德文郡奶油。英国规定，德文郡奶油的乳脂含量必须在 55% 以上。这个含量恰好高于鲜奶油、低于黄油。英国的德文郡和康沃尔郡是德文郡奶油的两大产地。

1. **罗达斯（Rodda's）**

　　产自康沃尔郡，表面有一层较粗糙的硬皮，非常好吃。乳脂含量为 60.5%。因是"奶油状的牛奶"而受到福田老师的青睐。

2. **德文郡奶油原味（DEVON CLOTTED CREAM PLAIN）**

　　产自德文郡，乳脂含量 55.1%。无显著特征，口感不油腻，如果你喜欢在司康上抹厚厚一层奶油，推荐购买这一款。

3. **中泽德文郡奶油 100 克（中泽乳业株式会社）**

　　乳脂含量为 63%，紧实的块状奶油，口感扎实。日本的饭店也使用这款奶油。它是第一款由当地制造商生产的德文郡奶油。

4. **高梨传统英国德文郡奶油（高梨乳业）**

　　乳脂含量为 61%，严选北海道奶油制作而成。特征是口感清爽不油腻，非常接近英国原产奶油。表面覆有一层硬膜。

葡萄干、杏、西梅用朗姆酒腌渍，
之后将这些自制酒渍果脯裹在面团中，
充分烘烤，就会得到奢华的水果蛋糕。
蛋糕外裹一层糖霜，
再撒上糖渍紫罗兰——这浪漫的装饰，
仿佛是紫罗兰于白雪中盛开。
客人们看到它，
一定会抑制不住地惊呼。
烤好后稍稍冷却一段时间再食用，
食材的味道相互融合，会更加美味。

紫罗兰水果蛋糕

材　料

〔可制作 1 条 21.8 厘米 ×8.7 厘米 ×6 厘米的磅蛋糕〕

A
低筋面粉 100 克　/　杏仁粉 20 克
个人喜欢的香料（肉桂、豆蔻、多香果等）1/2 小匙

黄油（无盐）100 克　/　砂糖 A 30 克　/　砂糖 B 50 克
蛋黄 2 个　/　蛋白（2 个鸡蛋的量）　/　香草精少许
蜂蜜 30 克　/　朗姆酒渍果脯（市售、自制均可）200 克
绵白糖 70 克　/　柠檬汁 2~3 小匙　/　糖渍紫罗兰适量

制作方法

事先准备　在模具中铺好烤箱纸。黄油在室温下软化。鸡蛋使用前于
　　　　　　冰箱冷藏。将 A 中材料混合、过筛。将烤箱预热，温度为
　　　　　　170℃。

　　将黄油放入碗中，用橡胶铲搅拌至柔软，加入砂糖 A 和蜂蜜，
打发至颜色发白。接着，加入蛋黄和香草精，搅拌均匀 (a)。在另一
碗中放入蛋白，打发至稍稍起泡，接着放入砂糖 B，继续打发，制作
扎实的蛋白酥皮 (b)。在 (a) 中加入一半的 (b)，用橡胶铲搅拌均匀 (c)。
用筛子将一半的材料 A 加入混合物中 (d)，充分搅拌至柔软，接着加
入剩下一半的 (b)，充分搅拌至柔软，最后加入剩下一半的材料 A，
充分搅拌至柔软。在 (d) 中加入酒渍果脯，充分搅拌 (e) 之后，倒入
模具中。

　　将模具放入烤箱烘烤，温度为 170℃，时间约 50 分钟。将蛋糕连
同烤箱纸一起从模具中取出，置于蛋糕架上冷却 (f)。在碗中放入绵白
糖和柠檬汁，用勺子搅拌至图片中的黏稠程度 (g)。将调好的汁浇在
蛋糕上 (h)。在糖霜完全凝固前，撒上糖渍紫罗兰。OK，完美收工!

a

b

c

d

e

f

g

h

◀ 被砂糖包裹着的紫罗兰——哈布斯堡家族的王妃伊丽莎白非常喜爱这种点心。紫罗兰颗粒较大，很有存在感。照片中为维也纳点心店"德梅尔（DEMEL）"的产品"糖渍紫罗兰"。

◀ **如何自制朗姆酒渍果脯**
瓶子用酒精或热水消毒，自然风干。将晒干的果脯放入热水中，去除油脂，用厨房纸擦去水分，烘干。将大块果脯切碎。将果脯粒放入瓶中，倒入朗姆酒直至果脯粒粒分开。密封腌制1周后即可食用。可以保存1年的时间。

鸡蛋水芹三明治

✤

在英国，水芹嫩芽味道辛辣，
是百姓饭桌上常见的蔬菜。
为了防止面包变干，
三明治上基本都会放很多水芹。
如果没有水芹，也可以用萝卜苗代替。

◆━━━●━●━●━●━●━━━◆

材 料
〔可制作 8 个三明治〕

三明治专用面包(切成 12 片的面包) 4 片
黄油(含盐) 15 克 / 鸡蛋 2 个
蛋黄酱(美乃滋) 2 大匙 / 盐、黑胡椒少许
水芹(可用萝卜苗代替) 1 捆

制作方法

　　鸡蛋煮熟，切成小丁。用蛋黄酱拌好
后，加入盐、黑胡椒调味。再放入半捆水芹
拌匀。面包单面涂上厚厚的黄油，取 1/2 的
前面已拌匀的混合物放在涂有黄油的面包
上，盖上另一片面包。

　　另外两片面包也按照上述的做法处
理。用保鲜膜将三明治包好，放在砧板或
其他平面上。在上面压重物，压大约 10 分
钟。面包有面包边时，在这一步要将边切
掉。然后横竖各切一刀(呈十字形)，将面
包切成大小均匀的四块。将剩下的水芹铺在
切面上，防止三明治变干。

三种挤花曲奇

（玫瑰 & 果酱 & "Z"字形曲奇）

✦

用蛋清制作的维也纳风挤花曲奇——维也纳酥饼。

口感酥松，黄油香气浓郁。

维也纳酥饼一般是长条形，表面为"Z"字形花纹。

茶会上的维也纳酥饼会做成圆形，表面为玫瑰花纹或果酱。

● ● ● ● ●

材 料

〔便于制作的量〕

A
低筋面粉 120 克　／　玉米淀粉 60 克

淡黄油（无盐）120 克　／　砂糖 60 克

蛋清 30 克　／　香草精少许　／　覆盆子果酱适量

制作方法

事先准备　黄油置于室温下软化。将 A 混合后过筛。在托盘里铺好烤箱纸。将烤箱预热至 170℃备用（托盘不用预热）。

在碗中放入黄油，用橡胶铲将其搅拌至柔软。加入砂糖后搅拌均匀。再加入蛋清和香草精，搅拌均匀。再加入刚刚的低筋面粉与玉米淀粉混合物，用橡胶铲搅拌至光滑细腻、看不到面粉颗粒为止。在裱花袋尖端剪出一个星形的小口，将裱花袋立于杯中（a），装入前面已搅拌好的材料，在托盘上挤出曲奇（b）。玫瑰曲奇：挤曲奇时，从中心开始一圈一圈向外侧挤，成一个大圆；果酱曲奇：先挤一个较小的圆饼，在圆饼的边缘再重叠挤一圈，中间放入果酱；"Z"字形曲奇：挤出约 6 厘米长的"Z"字形。将托盘放入烤箱烘烤，温度为 170℃，时间为 15 ~ 20 分钟。

a

b

♥ 曲奇冷却后，在表面撒一些白砂糖，或者让"Z"字形曲奇夹一些果酱，味道更佳。

　　小学三年级时，在"第一次茶会"上制作的曲奇饼干就是玫瑰曲奇。当时因为没有烤箱，找到了一本《可以用烤面包机做出的点心》，看着这本书做出了玫瑰曲奇。

成年人的草莓水

✤

说起草莓水，如果是《绿山墙的安妮》的
粉丝应该立刻就会明白。

没错，安妮第一次邀请好友黛安娜参加茶
会时，那杯引起大骚动的饮料就是草莓水。
她本打算用草莓水招待黛安娜，没想到迷
迷糊糊地端出了马尼拉最喜欢的葡萄酒。
究竟有多少少女对这"草莓水"心驰神往呢？

这次，我们为长大成人的少女们，
介绍一款以白葡萄酒为底的草莓水。

━━━◆ ● ● ● ◆━━━

材　料
〔便于制作的量〕

草莓 300 克　/　砂糖 150 克
白葡萄酒 150 毫升　/　柠檬汁依个人口味添加

·······································

制作方法

将草莓、砂糖和白葡萄酒放入锅中，草
莓较大时可切成两半，草莓较小时可整颗放
入。放于火上加热，锅内食材煮沸后，转文
火继续煮约 5 分钟。试尝味道，酸味不够时
加入柠檬汁，关火，冷却。

将煮好的食材用笊篱过滤后放入冰箱
冷藏保存。在果汁中兑入苏打水后饮用。将
草莓加在酸奶中食用也非常美味。

图片中的浓缩糖浆从右向左依次
是英国贝尔沃（Belvoir）公司的
"酸橙 & 柠檬草浓缩糖浆""接
骨木浓缩糖浆""覆盆子 & 玫瑰
浓缩糖浆"。最左边的那瓶"紫
罗兰甜酒"是别人送的特产。觉
得喝掉它有些可惜，就一直没有
拆封。

茶会刚开始时，客人一就座，首
先端出的是迎宾饮品。这种时候
基本都会是"成年人的草莓水"。
不喜欢喝红茶的宾客看到它也会
很高兴。

用古典风格玻璃杯布置华丽餐桌

餐桌布置得既华丽又浪漫，宾客们一进房间看到餐桌便会忍不住发出一声感叹。若山曜子老师将"玻璃器皿"为主题布置今天茶会使用的餐桌。

在日本，如果主人用玻璃器皿招待宾客，会给人一种"夏日"的感觉。日本是一个四季分明的国家，随季节变换使用不同材质的餐具是日本独特的习惯。而在欧洲，无论是什么季节，使用玻璃器皿布置的餐桌都是最时髦的，这表明他们是在用自己珍藏的餐具招待宾客。

那组玻璃的茶杯和杯托，是若山曜子老师大学时，男朋友在东乡神社的古董市场买来送她的礼物。

"我非常喜欢这组茶杯，每次使用都特别小心，但还是不小心打碎了一个杯托。我一直在网上搜索，终于买到了一个一样的。"

顺便一提，当时的那位男朋友，就是若山曜子老师现在的丈夫。这种由茶具展开的逸闻趣事，也会使茶会热闹起来。

❧ 若山曜子 ❧

自东京外国语大学毕业之后，赴巴黎留学，取得法国国家职业资格证书（CAP）。现在活跃于杂志、图书领域。大家评价："只要按照若山老师的食谱制作，绝对会非常好吃"粉丝众多。同时也开办小班制料理教室。著有《用磅蛋糕模型，52种法式点心轻松搞定：轻松制作磅蛋糕、法式咸蛋糕、布丁等幸福甜食》《融化奶油的魔法塔派》等多部美食书籍。

1. 原本普普通通的餐巾，只是卷起来系上一条彩色的缎带，就会显得非常高级。缎带的颜色同样是餐桌布置的内容之一。也可以配合季节变化使用天鹅绒材质的缎带。

2. 茶漏购买于巴黎的跳蚤市场。平时基本不会用到它，但在茶会时如果将它摆在桌子上，就会引起大家的讨论。茶壶是"理查德·基诺里"的产品。

3. 糖罐购买于巴黎的跳蚤市场。里面是精心收藏的蝶形、心形的糖块，供宾客食用。

4. 若山曜子老师也曾经以"花"为主题布置餐桌。当时，她将自己在旅途中一点点收集的花纹图样古董餐盘组成一套。这些餐盘基本上都是在法国的跳蚤市场购买的，蔷薇图案的白色餐盘是在夏威夷的二手商店"Savers"购买的。若山曜子老师建议喜欢器皿的读者到这家店逛逛。

Tea

若山老师常常从料理教室的学生或朋友那里收到红茶。在这里，将介绍其中三款她喜爱的品牌。最左边的，是台北食品杂货铺"拍客"出售的"中国台湾花莲蜜香红茶"，若山老师非常喜欢这家店。这款红茶在中国台湾茶爱好者中特别受欢迎，茶水有一缕淡淡的甜香，味道非常细腻；中间那一款，是摄影师介绍给若山老师的——"坎贝尔汤业（Campbell's）"的"完美之茶"，这是一个爱尔兰的品牌。价格适中，可以作为日常饮用的茶叶，也很适合做成奶茶；右边的红茶，是若山老师常备的红茶基本款——"福南梅森（FORTNUM&MASON）"的"安妮皇后红茶"。这款红茶以阿萨姆红茶为底，若山老师经常将它沏好后直接饮用。

若山老师将学生送来的荔枝干和司康搭配在一起。
剥开壳尝一口荔枝干，味道浓郁，非常适合搭配红茶。
荔枝干也是在台北食品杂货铺"拍客"购买的。

原味司康 & 葡萄干司康

❖

若山老师喜欢小小的、烤得很透的司康，
这一款就是按照她的喜好制作的。另外，制作这款司康时不使用黄油，
而是利用少量的鲜奶油和酸奶营造出中心绵软的口感，
另外，味道清淡也是它的特点之一。

━━━━━•●◆●•━━━━━

材　料
〔可制作 8 ~ 9 个直径约 4 厘米的司康〕

> **A**
> 泡打粉 2 小匙　/　细砂糖 1 大匙　/　低筋面粉 100 克
> * 推荐使用接近中筋面粉的品牌，
> 本次使用的面粉是日清制粉公司的"ECRITURE"。

> **B**
> 酸奶(无糖) 2 大匙
> 鲜奶油(乳脂含量在 45% 以上) 60 ~ 80 毫升

葡萄干少量　/　蛋黄 + 牛奶适量
* 葡萄干、蛋黄及牛奶依个人口味添加。用于最后装饰，可省略。

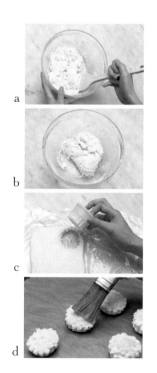

a

b

c

d

制作方法

　　将 A 中材料混合后过筛。烤箱调至 180℃预热。在烤盘中铺好
烤箱纸（烤盘无需预热）。然后将 A 中材料放至碗中，用打蛋机等
工具粗略搅拌。将 B 中材料混合在一起，倒入 A 中，轻轻搅拌（a），
使其成为一个面团（b）。在案板上撒一些低筋面粉（准备材料之外），
用擀面杖将面团擀成 2.5 厘米厚的面饼，用模具做出司康的形状（c）。

　　依照个人喜好，用刷子沾牛奶将蛋黄摊开，刷在司康表面（d）。
将司康放入烤盘，送入烤箱烘烤。温度 180℃，时间 12 ~ 15 分钟，
大功告成。

♥也可以在司康表面刷纯蛋液。这时可以减少鲜奶油的量，将一部分蛋黄加
　入 B 中，以免蛋液刷不完浪费。

1. 图左边那一瓶，是住在长野县佐久市的朋友送给若山老师的野葡萄果冻。满满一大笊篱的野葡萄，只做出这么一点果冻。图右边那一瓶，是若山老师法国朋友的奶奶每年夏天都会送给她的"黄香李果酱"。尝起来有太妃糖的味道，但若山老师说"奶奶并没有在里面加太妃糖"。

2. 若山老师最喜欢"罗达斯"的德文郡奶油。产自康沃尔，

乳脂含量 60.5%。口感浓郁、味道甘甜是这款奶油的特点。奶油表面凝固的一层脆脆的薄壳，也非常好吃。可以在商场或网络商店购买。

3. 法国的图尔到处都是大片的紫罗兰花田，若山老师在那里购买了"席琳（THIERCELIN）"公司的紫罗兰果冻和茉莉花果冻。若山老师说法国有很多鲜花味道的东西呢。

黄瓜薄荷三明治

若山老师说过"我特别喜欢黄瓜三明治"。
这次,为了使黄瓜三明治的口感更加清爽,
我们在三明治中加入了薄荷,
也可以放一些莳萝。
这款三明治适合搭配任何香料和芥末黄油。

材　料
〔可制作 12 个黄瓜薄荷三明治〕

三明治专用面包(切成 10 片的面包) 6 片
黄瓜 2 根　/　食盐少许　/　芥末酱少许
薄荷少许　/　黄油(无盐) 2 大匙
* 加入莳萝或细香葱等香料也非常美味。

制作方法
　　黄油在室温下软化,和芥末酱混合。
将黄瓜两端切除,之后切段,黄瓜段的长
度为面包的宽度。将黄瓜段竖着切成长条
薄片。撒少许食盐,轻搓黄瓜片,去除其
中的水分。薄荷切末儿。

　　将黄油与芥末酱的混合物涂于面包的
一面,放黄瓜,撒一些薄荷末,盖上另一
片面包。用保鲜膜或湿润的厨房纸将三明
治包好,放置一段时间,之后切掉面包边,
将三明治切成四等份。

蝴蝶蛋糕 & 小杯英式查佛

a

b

c

d

e

f

g

h

i

材　料

〔可制作 8 个直径 35 厘米的杯子蛋糕〕

酸奶油 90 毫升　/　绵白糖 70 克　/　鸡蛋 1 个
低筋面粉 80 克　/　泡打粉 1 小匙　/　柠檬奶油适量
发泡奶油适量　/　覆盆子、蓝莓等水果适量
柠檬薄片（可依个人口味添加）2 ~ 4 片
薄荷（没有可不用）适量

制作方法

制作蝴蝶蛋糕

将烤箱预热至 180℃。将酸奶油和绵白糖倒入碗中，用打蛋器打匀。放入鸡蛋，继续打匀。加入低筋面粉和泡打粉，用橡胶铲搅拌至看不到面粉颗粒为止。然后放入杯子蛋糕模具中，面浆高度为模具的 70%，放入烤箱烘烤，温度为 180℃，时间为 12 ~ 15 分钟。

蛋糕稍稍冷却后，将表面蓬起的部分用刀水平切掉（a，b），切掉部分再切成两半（c）。用刀轻轻将杯子蛋糕中间挖空（d），放入柠檬奶油（e），再挤一点发泡奶油（f），将（c）中切成两半的部分装饰在顶部（g）。也可以根据个人喜好，装饰半片柠檬薄片或薄荷。

制作英式查佛

将上述步骤挖出的蛋糕芯切成边长 1 厘米的立方体。在透明杯子里放入 2 ~ 3 个蛋糕块，加入适量水果，再依次加入发泡奶油和柠檬奶油（h），最后挤一些发泡奶油（i），点缀一个覆盆子。

蝴蝶蛋糕是深受英国人民喜爱的传统糕点。将杯子蛋糕的中间挖空，
填入爽口的柠檬奶油和绵软的鲜奶油，顶端装饰成蝴蝶翅膀的样子。
我们还可以用刚刚挖出的绵软蛋糕芯制作英式查佛。
制作蛋糕时，用酸奶油代替黄油，口味更加清爽。
使用一个杯子蛋糕可以做出两种甜点，
真令人心情愉悦。

柠檬奶油

材 料
〔便于制作的量〕

鸡蛋 2 个 / 蛋黄 1 个 / 绵白糖 80 克
柠檬汁 80 毫升 / 柠檬皮屑（1 个柠檬的量）
玉米淀粉 10 克 / 黄油（无盐）20 克

制作方法

　　将除黄油外的所有材料放入小锅中，
开中火，用打蛋器充分搅拌。然后煮开关火，
搅拌均匀后过滤。在冷却前迅速放入黄油，
利用余热使之融化。平铺在平盘上，包好
保鲜膜。立即放入冰箱，以防细菌进入。

♥　如果提前混合玉米淀粉和白糖，有时会出问
　题，还是用打蛋器搅拌比较好。

发泡奶油

材 料
〔便于制作的量〕

鲜奶油 200 毫升 / 砂糖 1 大匙

制作方法

　　将鲜奶油和砂糖放入碗中，用打蛋器
打 8 分钟。

将英式查佛装在糕点专用的有盖小杯子里面，
就可以作为小礼物送给朋友。
透明的杯子可以看见查佛的层次。

自制卡芒贝尔奶酪
半干番茄三明治

❖

这款三明治的内馅是半干番茄和卡芒贝尔奶酪，分量很足。
西式泡菜的酸夹杂着洋葱的辣，永远吃不腻。

●••••◆••••●

材 料
〔可制作 8 个三明治〕

三明治专用面包 (切成 10 片的面包) 4 片 / 卡芒贝尔奶酪 1/2 个
小番茄 1 盒 / 洋葱末 1 大匙 / 食盐 (本次使用的是岩盐) 适量
蛋黄酱 4 大匙 / 西式泡菜末 1 大匙

制作方法

将烤箱预热，温度为 120℃。将小番茄切成两半。在烤盘上铺好
烤箱纸，将切好的小番茄放入烤盘，轻轻撒些食盐 (准备材料之外)。
将烤盘放入烤箱烘烤，温度为 120℃，时间约 1 小时，之后关闭烤箱，
让小番茄慢慢冷却。将西式泡菜末和洋葱末混合，加入蛋黄酱搅拌均
匀，涂在面包的一面，放入前面已烤好的小番茄和切成薄片的卡芒贝
尔奶酪，盖上另一片面包。

用保鲜膜或湿润的厨房纸将三明治包裹一段时间，使其充分入味，
之后切掉面包边，将三明治切成 4 等份。

♥剩余的半干番茄可以用橄榄油腌制保存。

◀虽然现在可以很容易地买
到半干番茄，但还是自制的
食物味道更加浓郁。另外，
自制半干番茄非常新鲜，更
加美味。制作方法非常简单，
大家一定要尝试一下哦。

渡 边 麻 纪 的 茶 会

人生第一次茶会

渡边麻纪

渡边麻纪老师谈到："我初中和高中读的是英式基督教会女校，当时学校里有一个惯例，如果在汉字测验和英语背诵会中，名次为班里的前几名，就可以到校长室参加茶会。"女校长年轻时曾在英国生活过一段时间，她教导学生的茶会礼仪都是正统的英式礼仪。"校长告诉了我们很多注意事项，比如坐沙发时要稍微靠前一点，不要坐得太靠后，双脚并拢，而且要稍稍向一侧倾斜；要捏着茶杯的把手，不要把手指伸到里面去；摆放茶匙时，茶匙要和茶碟成直角；喝茶时不能先加牛奶，要先品红茶本身的色香味；还有如何使用茶布、怎样取食点心等等许多事情。对了，她还要我们提前准备好茶会上聊天的内容。"校长每次在教我们礼仪时，都会说：'你们已经不是小孩子了。作为成年人，你们要举止优雅。'"

料理家。毕业于香兰女子学校·百合女子大学，毕业后曾担任法国料理研究家的助手。之后留学法国、意大利，学习料理。现在主要工作是为杂志、企业的食谱提供建议。著有《各式熟食法国家常菜》等多部书籍。

渡边老师坦诚地说："当时太过紧张，根本没工夫去享受茶会的乐趣。但当我们得到校长的允许，可以到架子上挑选自己喜欢的茶杯，看到茶巾上学姐和老师的刺绣，端起茶杯开始喝茶，在这些瞬间真的感觉自己'长大成人'了。"

渡边老师今天举办的茶会，是走成熟、时髦、高雅的风格路线。她在法国的一家杂货店里，一眼看中买下这款铁质蛋糕托盘。茶具是"东陶（TOTO）"公司还是"东洋陶器"厂时制作的产品，非常罕见。"因为这套茶具是很久以前在日本制作的，所以看上去既不像茶杯也不像咖啡杯。无论是颜色还是把手的形状，都非常可爱，永远看不腻。"

Menu

原味司康(P42)

覆盆子草莓樱桃果酱(P44)

德文郡奶油(P44)
〔德文郡产德文郡奶油
&双重德文郡奶油〕

洋梨挞(P46)

3种茶会三明治(P48)
〔小水萝卜黄油三明治〕
〔红酒醋黄瓜三明治〕
〔奶油芝士水果三明治〕

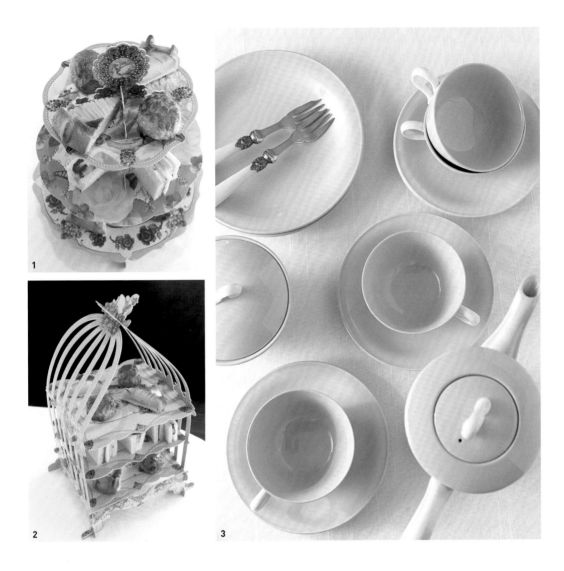

1. 大家不要认为茶会非常复杂，我们可以用这种很可爱的纸质蛋糕托盘，在上面摆一些从外面买来的三明治、司康等小点心，这样也可以办一场很棒的茶会。

2. 照片中的蛋糕托盘，是英国"Talking Tables"品牌的产品。可以在商场、东急手创馆或 LOFT 百货购买。在网络搜索"Talking Tables"，会发现更多产品。

3. "TOTO"公司，经营卫浴陶瓷产品，原名"东洋陶器"。创办于 1917 年，20 世纪 60 年代之前也制作餐具。照片中是一套"东洋陶器"时期制作的茶杯组，是大约 15 年前购买的滞销产品。

Tea

上面一排从左向右，分别是新加坡品牌"健康茶叶集团"的伯爵格雷红茶"绅士茶"，有着玫瑰花瓣散发出的浪漫香气；法国"库斯米茶"的伯爵格雷红茶；第三个是法国"库斯米茶"的"弗朗基米尔王子"，有香草、丁香和肉桂的香味；最右边是法国"乐芭蕾斯得戴斯"的"德梅因茶"，法语茶名的含义是僧人，是一款非常香的红茶。下面一排从左向右，分别是印度品牌"阿萨姆"的伯爵格雷红茶，可以作为日常饮用茶品；中间的茶叶是在法国孚日广场的一家店铺购买的"凡尔赛之夜"，是"达蔓茶"花茶系列中我最喜欢的一款，中国茶中混合了橙花、水蜜桃和紫罗兰；旁边的那一罐也是"达蔓茶"的花茶——"芬芳七溢"，茶内含有混合水果和玫瑰。

用茶包泡出美味红茶

很多读者都认为用茶包泡出的茶不好喝。在这里，我向大家介绍一个小窍门，教你们用茶包泡出好喝的红茶。

将茶杯温好，放入茶包，注入适量热水。立刻用和茶杯口大小相仿的瓶盖或小碟子盖好茶杯，等待 1 分钟。就这么简单！这样一来，茶叶被闷在杯子里，香气和热量都不会挥发，就会非常好喝。大家可以试一试哦。

原味司康

材　料

〔可制作 12 ~ 13 个直径 5 厘米的菊形司康〕

A	B	C
低筋面粉 200 克	粗盐 1/4 小匙	蛋黄 1 个
泡打粉 1 大匙	红砂糖 1 大匙	水 1/2 小匙

* 没有红砂糖也可以用蔗糖代替。

牛奶 150 毫升　/　柠檬汁 1 小匙　/　干面粉适量　/　黄油（无盐）50 克

制作方法

a

b

c

d

e

f

g

h

将黄油切成小块，比边长为 1 厘米的立方体略小，放在冰箱冷藏，使用时再取出。将 A 中材料混合后过筛。将 B 中材料混合，搅拌均匀。将牛奶和柠檬汁混合（出现二者分离的情况也是正常的。牛奶种类不同，混合的程度也不同，在意液体分离的读者，可以用筛子将混合果汁过滤之后使用）。然后将过筛后的 A 中混合材料连同黄油一起放入搅拌机中（a），将黄油搅拌至米粒大小时，加入已拌匀的 B 混合材料继续搅拌（b）。拌匀后倒入碗中，加入牛奶和柠檬汁混合物（c），用刮刀像切面一样将材料混合成面团状（d* 这里不要用手揉面）。平铺保鲜膜，在上面轻轻撒一些干面粉（准备材料之外），将前面已做好的面团放于保鲜膜上，用手将面团压成 2 厘米左右厚的面饼（e）。用保鲜膜将面饼包好（f），放入冰箱冷藏 1 ~ 3 小时。将烤箱预热，温度为 200℃。在砧板上撒一些干面粉，将上述已冰冻好的面团放于砧板上，撒少量低筋面粉（准备材料之外），用模具制作司康（g）。将剩余的面团快速整理成面饼，接着用模具制作司康。在烤盘内铺好烤箱纸，放入司康胚。

将 C 混合后，用刷子刷在司康的表面（h），将烤盘放入烤箱烘烤，温度 200℃，时间 12 分钟。烘烤完后，将司康放在蛋糕架上冷却。

试着改变配料、
烤箱温度和烘烤时间，
做出几种不同的司康。
其中，
原味司康最适合作为茶会点心。
下面将它的制作方法介绍给大家。
在茶会上还会有其他食物，
所以司康的味道不要过甜、
分量不要过大，
还要保持口感酥脆。
这就需要在烘烤时
将烤箱温度稍稍调高一些。

简易覆盆子草莓樱桃果酱

可以将剩余的水果,立刻做成果酱存放。今天茶会上供宾客食用的是"简易覆盆子草莓樱桃果酱"。制作方法非常简单。10分钟左右就可以完成。

1. 将水果裹上适量细砂糖和少量柠檬汁,放置1小时。

   * 考虑到保存的问题,可把细砂糖的量定为水果量的一半,读者可依个人喜好酌情增减。

2. 将步骤1中的果酱放入小锅中,中火熬煮。煮开后将火稍稍关小,继续煮10分钟左右,去除涩味。

◀ 德文郡奶油和不同的司康、果酱搭配,口感是不同的,这一点非常重要。照片中是渡边老师推荐的德文郡奶油。产自英国德文郡。左侧的"德文郡原味奶油"乳脂含量为55.1%,右侧的"双重德文郡奶油"乳脂含量为46.3%。口感清爽柔滑,没有很明显的特点,能够很好地带出果酱的味道。

不用模具也能做的洋梨挞

❖

这是一款不用模具就可以轻松制作的水果挞。

将面团擀开后，只用手来折叠酥皮的边。

有些读者曾因为没有模具而放弃制作水果挞，

这次请一定试着做做看。馅料使用水果罐头，非常美味。

⬦⬦⬦ ◆ ◆ ◆ ⬦⬦⬦

材　料

〔可以制作 1 个边长 20 厘米的方形洋梨挞〕

挞皮

黄油（无盐）40 克　/　绵白糖 30 克

蛋液（打匀）1/2 个鸡蛋的量　/　低筋面粉 120 克

杏仁奶油

黄油（无盐）30 克　/　砂糖 20 克　/　蛋液（打匀）1/2 个鸡蛋的量

A
杏仁粉 30 克　/　原味核桃碎仁 1 大匙

洋梨（罐头装）4 ~ 6 个

制作方法

事先准备　让黄油在室温下软化。

制作挞皮

将黄油放入碗中，用橡胶铲搅拌至光滑细腻。加入绵白糖，搅拌均匀。接着分 2 ~ 3 次加入蛋液，搅拌均匀。加入过筛后的低筋面粉，搅拌均匀（a）。

平铺一张保鲜膜，将上述面团放在保鲜膜上，用手将面团按成直径 20 厘米的圆饼，要确保面饼各处厚度相同（b）。将面饼用保鲜膜包好（c），放入冰箱冷藏 1 小时。

制作挞皮

去除洋梨的水分

制作杏仁奶油

a

b

c

d

e

f

制作方法

去除洋梨的水分

将洋梨放在厨房纸上，切成 2 ~ 3 毫米厚的薄片（d），用另一张厨房纸将洋梨盖好，放置一段时间，吸出洋梨的水分（e）。

制作杏仁奶油

将黄油放入碗中，用橡胶铲搅拌至光滑细腻，接着加入砂糖，用打蛋器搅拌均匀。加入蛋液，搅拌，接着加入 A，继续搅拌均匀（f）。将烤箱预热，温度为 180℃。

用挞皮包奶油和洋梨

在制作挞皮面饼上轻轻撒一些低筋面粉（准备材料之外），用擀面杖将面饼擀成直径 22 厘米的面饼（g）。

在烤盘内铺烤箱纸，将面饼放在烤箱纸上，在挞皮的中间放上已制作好的杏仁奶油（h）。

像照片中那样，将洋梨叠放在挞皮中间的杏仁奶油上（i）。用手将挞皮边缘连同烤箱纸一起捏出褶边（j、k、l）。将烤盘放入烤箱烘烤，温度设为 180℃，时间大约为 30 分钟。烤好后，将洋梨挞放在蛋糕架上冷却。

♥ 没有擀面杖时，也可以用手按。

用挞皮包裹奶油和洋梨

g

h

i

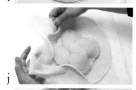
j

k

l

三种茶会三明治

小水萝卜黄油三明治

在法国，大家会用小水萝卜蘸黄油和盐来吃，
这是一道深受民众喜爱的简易开胃菜。
小水萝卜的辛辣和温润的黄油、食盐
完美融合在一起，明明是普通的食材，
却有着独特的味道。
我受到这道菜的启发，制作出这款三明治。

材 料
〔可制作 4 个三明治〕

三明治专用面包 2 片 ／ 小水萝卜约 4 个
黄油（经过软化、搅拌）1 大匙 ／ 粗盐少许
＊这里一定要用粗盐！

制作方法

在面包片的一面涂抹黄油，将小水萝卜
切成很薄的圆片，放在面包上。撒一些粗盐。
盖上另一片面包。用保鲜膜将三明治包好，
用盘子等重物压在三明治上，放入冰箱冷
藏至少 15 分钟。依个人喜好，切掉面包边，
将三明治切成四等份。

红酒醋黄瓜三明治

"黄瓜三明治"是下午茶茶会上的老面孔。
这份食谱的重点在于红酒醋。
加入一点点酸味，会使三明治更加好吃。
味道清爽又有冲击力，非常适合作为清口
食物来去除口腔内其他食物的味道。

材 料
〔可制作 4 个三明治〕

三明治专用面包 2 片 ／ 黄瓜 1 根 ／ 食盐适量
黄油（经过软化、搅拌）1 大匙 ／ 红酒醋 1 小匙

制作方法

黄瓜切段，长度正好是面包片的宽度，
接着竖着切成薄片。在黄瓜上撒少量食盐，
静置 2 ～ 3 分钟，将黄瓜片摆在厨房纸上，
刚刚撒盐的一面朝下，去除水分。在黄瓜
片上一点点洒上红酒醋，再次静置约 1 分钟。
将去除水分后的黄瓜片，摆放在涂抹着黄
油的面包片上。撒少量盐，盖上另一片面包。
用保鲜膜将三明治包好，用盘子等重物压
在三明治上，放入冰箱冷藏至少 15 分钟。
依个人喜好，切掉面包边，将三明治切成
四等份。

奶油芝士水果三明治

✤

这款三明治味道稍浓郁，
也可以充当茶会上的酥皮点心。
它好吃的秘诀，
在于中间夹着厚厚的一层奶油芝士。
奶油芝士也可以用德文郡奶油代替。

● ● ● ● ◆ ● ● ●

材 料
〔可制作 4 个三明治〕

三明治专用面包 2 片
奶油芝士（或德文郡奶油）50 克
鲜奶油 100 毫升 ／ 砂糖 1 大匙
喜爱的水果（橙子、猕猴桃、覆盆子等）各适量

制作方法

将奶油芝士和砂糖放入碗中，用橡胶铲搅拌至光滑细腻。加入打到八分发的鲜奶油，接着搅拌。

橙子去皮，剥成一瓣一瓣，猕猴桃削皮后切成厚圆片。在一片面包上涂一半打到八分发的鲜奶油，放上前面处理的水果和覆盆子，再将剩下的一半奶油涂在水果上。盖上另一片面包。用保鲜膜将三明治包好，用盘子等重物压在三明治上，放入冰箱冷藏至少 15 分钟。依个人喜好，切掉面包边，将三明治切成四等份。

今井洋子的茶会

与安妮一同享用素食茶会

今井老师第一次知道"茶会"这个词，是看《绿山墙的安妮》这部动画片的时候。在想象的世界里，她和主人公安妮一起邀请好朋友戴安娜参加茶会，还一起受邀参加阿兰太太的茶会，心激动得怦怦直跳。

"大概是小学三年级的时候，我每天一放学回家，不是读小说《绿山墙的安妮》，就是看爱德华王子岛的图册，安妮就生活在爱德华王子岛。到了周末，我就会去做那些在小说中出现过的点心。"

今井老师谈到，当时的食谱类书籍，基本上都是文字，没有什么图片。她只能拼命想象那些点心的模样，试着把它们做出来。

"就连饼干这么简单的点心，我都失败了好几次呢。但因为有安妮的陪伴，我每天都过得很开心。"

今井老师刚刚开始到西点学校上课时，得知有一个为期三周的游学活动，活动时"会住宿在安妮曾就读的大学，学习英语会话、西点制作以及陶艺，享受野餐乐趣"，她立刻毫不犹豫地报名参加。

23岁时，她参加打工度假活动，到爱德华王子岛旅居一年，在咖啡店工作。

"附近的太太们聚在一起，为我办了一场欢迎茶会。我真是感慨万千——我做梦都想参加安妮小岛上的茶会啊……"

◈ 今井洋子 ◈

从辻点心制作学校毕业后，进入萨扎比株式会社，负责"下午茶茶餐厅"的菜单研发工作。辞职后成为自由职业者，帮助企业和咖啡厅研发新菜单。开办素食养生料理教室"屋顶"。在"有机基础"公司担任讲师。著有《大口吃也不怕胖：让你年轻10岁的营养美味磅蛋糕》《在家中也可以制作的法式蔬菜料理》等美食书籍。

Menu

柠檬司康(P57)

开心果奶油可可挞(P58)

烤蔬菜配鹿尾菜酱汁
三明治(P61)

覆盆子小蛋糕(P62)

香料水果糖水(P64)

夏威夷果姜饼(P65)

粉白双色糙米酒冻(P66)

▶《绿山墙的安妮》系列有一本书叫作《安妮的青春》，这本书中提到，安妮向巴里太太借到一只"粗瓷青花古盘"。那只"粗瓷青花古盘"就是照片中的"蓝柳纹样青花瓷"。今井老师在二十几岁时，用积攒的零用钱买下了它。

回国之后，今井老师在"下午茶咖啡厅"从事菜单开发的工作。现在自己开了一家素食养生料理教室。出版多部料理书籍，在料理界大放异彩。

今井老师今天要开的茶会，只选用素食性食材，外观也非常可爱。

如果安妮来参加今井老师的茶会，一定会把眼睛瞪得大大的，说各种各样有趣的感想。

不知安妮是否会注意到，茶会所用的茶壶，是"今井老师非常向往的玛丽拉同款棕茶壶。"

Tea

（左）这一盒是茶叶专营店"茶园"的商品，总店位于法国里昂，我最近非常喜欢这款茶叶。茶叶味道雅致。茶店的创始人娜迪亚夫人是唯一受邀参加中国国际茶叶会议的欧洲人。（中）中国台湾阿里山地区培育的无农药有机茶叶——"中国台湾乌龙福茶"，包装为葫芦形小壶，价格稍贵，但味道清爽，非常好喝。（右）"帆船（CLIPPER）"。无咖啡因有机红茶，可作为日常用茶。英国品牌，世界五星级饭店用茶。

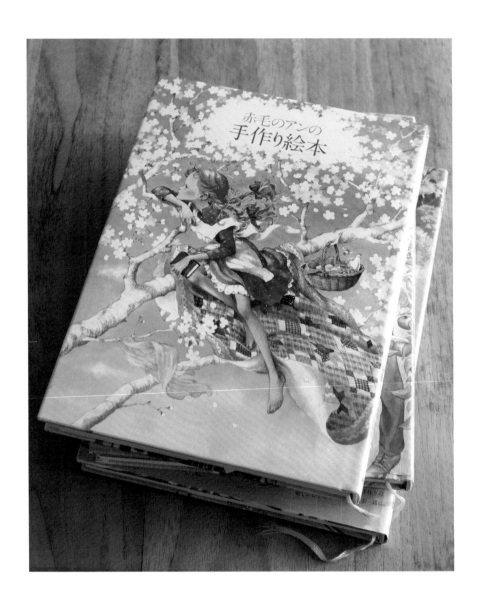

　　今井老师从小学三年级开始，读了好多遍《绿山墙的安妮》系列周边读物。她根据书中的描述，制作小说里出现的点心，梦想着有一天可以到爱德华王子岛旅行。

《绿山墙的安妮手绘本
Ⅰ·Ⅱ·Ⅲ》（镰仓书房
出版）。现在这套书由"白
泉社"再版发行。

《绿山墙的安妮手工笔记》
系列（文化出版局出版）。
《蒙哥马利的小岛》（篠
崎书林出版）。

柠檬司康

材 料
〔可制作 8 ~ 9 个司康〕

A		
全麦低筋面粉 150 克	/	低筋面粉 150 克
甜菜糖 80 克	/ 泡打粉 2 小匙	/ 食盐 0.5 ~ 1 克

B	
无添加豆浆 80 毫升	/ 柠檬汁 2 大匙

C	
甜菜糖 2 大匙	/ 柠檬汁 2 小匙

葡萄籽油 90 毫升 / 核桃仁 30 克 / 开心果适量
柠檬皮 1 ~ 1.5 个柠檬的皮（切碎）
＊柠檬皮要切成细丝，用于装饰。

a

b

c

d

e

f

g

制作方法

将 A 中材料放入碗中，搅拌均匀，加入葡萄籽油，用手揉搓面粉，直至面粉呈肉松状，且无较大颗粒（a）。再加入柠檬皮丝和核桃仁（b），轻轻搅拌。

将 B 中材料混合后，以画圈的方式均匀倒入 a 中，用手将材料聚合成面团，注意不要用手搅拌。最后，用面团将碗边缘附着的一些面粉擦干净（c，d）。将烤箱预热，温度为 180℃。

将面团按成厚 1.5 ~ 3 厘米、边长 13 厘米的正方形面饼（e），用刀切成九等份（f）。在烤盘内铺烤箱纸，将司康坯放入烤盘，送入烤箱烘烤，温度为 180℃，时间 25 ~ 30 分钟。

将 C 中材料放入小锅中，开中火，熬煮至沸腾起泡。熄火，用勺子搅拌锅中材料，等待其冷却。将锅内酱汁搅拌至发黏，淋在烤好的司康上。撒一些切碎的开心果和柠檬皮做装饰。

开心果奶油可可挞

✿

香喷喷的全麦挞皮、微苦的可可蛋糕、醇香浓郁的开心果奶油，
这些豪华材料组合成小小的开心果奶油可可挞。
食用时可以搭配红茶。
它和白葡萄酒更配，有一种成熟的味道。

●━━◆●◆●◆━━●

材料

〔可制作 5 个直径 3.5 厘米的开心果奶油可可挞〕

挞皮

A	B
全麦低筋面粉 20 克	葡萄籽油 1 大匙
低筋面粉 20 克 / 甜菜糖 5 克	无添加豆浆 15 毫升

可可蛋糕

C	D
杏仁粉 1 大匙 / 全麦低筋面粉 10 克	葡萄籽油 1 大匙
可可粉 1 大匙 / 泡打粉 1/2 小匙	无添加豆浆 1 大匙
食盐 0.5 ~ 1 克	枫糖浆 1.5 大匙

开心果奶油

E
北豆腐 1/4 块（约 80 克。迅速用热水焯一下，控干水分）
开心果 15 克 / 枫糖浆 2 大匙

开心果（切碎）适量

制作方法

制作挞皮

将 A 中材料放入碗中，搅拌均匀。将 B 中材料混合后，以画圈的方式加入 A 中，用橡胶铲搅拌，和成面团（a）。将面团分成五等份，用手将小面团按成厚度约为 2 厘米的圆形面饼（b）。把面饼放入模具，铺满模具底部及模具壁，把多出模具的面皮用手揪掉（c）。用叉子在面皮底部扎几个洞（d）。将烤箱预热，温度为 180℃。

制作挞皮

a

b

c

d

制作可可蛋糕

e

f

制作方法

制作可可挞蛋糕

将C中材料放入碗中，搅拌均匀。将D中材料混合后，以画圆圈的方式加入C中，用橡胶铲以切面的方式搅拌（e）。和成面团后，分成五等份，放入做好的模具中（f）。放入烤箱烘烤，温度180℃，时间15～20分钟。

制作开心果奶油

将E放入手持式搅拌机中搅拌（g）。待烤好的可可挞冷却后，将其放在可可挞上（h），最后撒一些碎开心果作装饰（i）。

制作开心果奶油

g

h

i

将南瓜、胡萝卜放入平底锅中慢慢煎烤，引出蔬菜的甜味。

三明治中间夹着烤好的蔬菜，一口咬下去，浓郁鲜香，

令人难以相信里面夹的只有蔬菜。

而这款三明治如此好吃的秘密，就在于里面涂了厚厚的一层酱汁。

酱汁由鹿尾菜和坚果做成，味道浓郁，犹如法式肉酱。

烤蔬菜配鹿尾菜酱汁三明治

三明治

材料

〔2人份〕

黑麦面包（切成1厘米厚的薄片）4片
蔬菜4～6片
*胡萝卜、南瓜、洋葱等，切成2～3毫米厚的薄片
芝麻菜适量 / 鹿尾菜酱汁适量 / 食盐少许

制作方法

在平底锅中放入少许橄榄油（准备材料之外），加热，将切成薄片的蔬菜放入平底锅中煎烤，待蔬菜上色后撒食盐。在面包上涂抹鹿尾菜酱汁，放芝麻菜和上述准备好的蔬菜，盖上另一片面包。

鹿尾菜酱汁

材料

〔便于制作的量〕

A		
橄榄油2大匙 / 酱油2大匙		
核桃15克 / 杏仁15克		

洋葱40克 / 鹿尾菜（干）10克
菌类100克 / 水50毫升
*可依个人口味，选择2～3种，如金针菇、蟹味菇等。

制作方法

将洋葱切成半月形薄片，干鹿尾菜泡开；菌类切成合适的大小。在锅中倒入1厘米高的水，煮沸，放进洋葱后焯水。开始时气味会较冲，当较冲的气味慢慢散去、甜香开始出来时，放入备好的菌类、鹿尾菜和水，煮10分钟左右，直至鹿尾菜变得柔软。再加入A中材料熬煮至锅底只有很少的水，最后放入搅拌机中搅拌至酱汁状。

覆盆子小蛋糕

✤

小蛋糕带有淡淡的覆盆子香气，味道和外观都非常可爱。
蛋糕上撒有杏仁和覆盆子，吃起来会发出咯吱咯吱的响声，
是非常有趣的一款甜点。

————— ••◆••• —————

材 料

〔可制作 5 个长 10 ~ 12 厘米的椭圆形蛋糕〕

A
全麦低筋面粉 30 克 ／ 低筋面粉 30 克
杏仁粉 30 克 ／ 甜菜糖 20 克 ／ 泡打粉 1/2 小匙

B
大米糖浆 1 大匙 ／ 枫糖浆 1 大匙
葡萄籽油 2 大匙 ／ 无添加豆浆 50 毫升

覆盆子 20 克 ／ 覆盆子 5 粒 ／ 杏仁适量

制作方法

事先准备 在模具中涂少量葡萄籽油，撒一些面粉（准备材料之
外），放入冰箱冷藏保存。将 20 克覆盆子放入搅拌机，
打成果酱状。

将烤箱预热，温度为 190℃。将材料 A 中的粉类充分混合，加
入搅拌均匀的材料 B，迅速搅拌。将面浆分成 2 等份，其中一份面
浆中加入覆盆子酱，搅拌均匀（a）。

在模具中倒入一半普通面浆、一半加入覆盆子酱的面浆（b），
用黄油刀等轻轻搅拌（c）。将一粒覆盆子撕成几瓣撒在面浆上，
再撒一些碎杏仁（d）。放入烤箱烘烤近 10 分钟，温度 190℃，接
着将温度转为 180℃，继续烘烤 10 分钟。

a

b

c

d

香料水果糖水

✤

将水果放入葡萄酒中熬煮。
这款甜品看起来非常素雅，
但味道却极其华丽。
如果下午茶的茶点中有很多面食，
那么这道水果糖水就再合适不过。

• ◆ ◆ ◆ •

材料

〔可制作 4 ~ 5 人份〕

A
白葡萄酒 300 毫升 ／ 水 200 毫升
枫糖浆 4 大匙 ／ 柠檬汁 1 大匙
柠檬皮（1 个柠檬的量）／ 肉桂棒 1 根

杏脯 50 克 ／ 洋梨 1 个 ／ 奇异果 1 个
橙子 1 个 ／ 香草荚 1/2 根

制作方法

洋梨削皮去核，纵向切成 8 等份。橙子剥成一瓣一瓣。奇异果削皮，切成 8 等份。香草荚竖着切口，将里面的香草豆剥出来。

将 A 中的洋梨、杏脯、香草豆放入小锅中。开火煮至沸腾，之后转文火继续熬煮约 20 分钟。接着放入奇异果，继续熬煮 5 分钟左右。冷却后放入橙子瓣，待其入味后，水果糖水就做好了。

夏威夷果姜饼

❖

这是一款利用生姜制作的辣味饼干。
里面放有许多坚果，味道浓郁。
这道甜点不只可以搭配红茶，
还可以搭配白葡萄酒和香槟。
如果您打算办一场香槟下午茶茶会，
这道甜点将会是绝佳的选择。

● ● ● ◆ ● ● ●

材　料

〔可制作大约 20 块直径 3 厘米的姜饼〕

A		
全麦低筋面粉 40 克	/	低筋面粉 40 克
甜菜糖 15 克	/	杏仁粉 25 克
泡打粉 1/2 小匙	/	食盐 0.5 ~ 1 克

B		
葡萄籽油 2 大匙	/	枫糖浆 2 大匙
无添加豆浆 1 大匙	/	生姜末 1 大匙

夏威夷果 30 克

制作方法

　　将烤箱预热，温度为 170℃。将材料 A
放入碗中，搅拌均匀。将材料 B 搅拌均匀
后，加到材料 A 中，迅速搅拌。搅拌至碗中
材料还存在较大颗粒时，加入切得较碎的夏
威夷果，继续搅拌。然后做成一个个厚约 3
毫米，直径约 3 厘米的圆饼，放入铺有烤箱
纸的烤盘内。将烤盘放入烤箱中烘烤，温度
为 170℃，时间 12 ~ 15 分钟。

a

粉白双色糙米甜酒冻

如果看到菜单上有这道杯子甜点，会非常开心。
果冻内含有草莓、覆盆子和糙米甜酒，色彩缤纷。
在吃司康、蛋糕这类面点时，
来一杯滑溜溜的糙米甜酒冻，着实令人心情愉悦。

材　料

〔可制作 6 杯 75 毫升的糙米甜酒冻〕

A
糙米甜酒 125 毫升　/　水 125 毫升　/　粉色琼胶 1/3 小匙

B
糙米甜酒 125 毫升　/　覆盆子 30 克　/　草莓 2 颗
水 100 毫升　/　粉色琼胶 1/2 小匙

覆盆子 3 颗　/　草莓 3 颗　/　薄荷适量

制作方法

在锅中倒入材料 A 中的水和粉色琼胶，搅拌均匀，开火加热，沸腾后转为文火，继续加热 1 分钟。接着倒入材料 A 中的糙米甜酒，开火加热至温热 (a)。

将材料 B 中的糙米甜酒、覆盆子、草莓放入搅拌机搅拌。在另一锅中倒入材料 B 中的水和粉色琼胶，搅拌均匀，开火加热，沸腾后转为文火，继续加热 1 分钟。然后两者混合，开火加热至温热 (b)。

在玻璃杯中倒入 (a) 或 (b)，待材料凝固之后，倒入另一种形成分层（之前倒入 (a) 的倒入 (b)，之前倒入 (b) 的倒入 (a)），凝固之后，放入对切的草莓或覆盆子，最后加些薄荷炸装饰。

糙米甜酒是将糙米和米曲发酵后制成的甜酒。完全不使用任何甜味剂。可以在绿色食品商店或网上商城购买。生产糙米甜酒的厂家有许多，这里使用的是"弥荣有机糙米甜酒"。

渡边玛吉的茶会

英式庭院茶会

　　庭院里香料芬芳怡人，应季的鲜花竞相开放，摆一张野餐桌，招待朋友们品尝刚出炉的司康和温热的红茶——渡边玛吉自小就非常渴望举办这种朴素的茶会。她微笑着说道："我的理想就是在小小的英式庭院内办茶会。但我现在住在公寓里，如果能办一场茶会，喝茶时可以欣赏阳台上种植的香草和花卉，就会感到非常满足了。"

　　今天要向大家介绍的是，如何布置出一场"即使没有庭院，也能感受到英式庭院氛围的茶会"。桌布选择的是很有英国感觉的蓝白条纹布。司康中放了渡边老师在阳台花园种植的迷迭香。茶杯的四周也有鲜花装饰。此外，在每个盘子中都点缀了一点绿色，这一点非常重要。"一边尽情享受当下的时间和空间，一边和别人谈论着自己的梦想，告诉对方自己梦想某一天可以在家中的庭院办一场茶会。这也是非常有趣的经历！"

❧ 渡边玛吉 ❧

　　她提倡制作料理时要重视季节和食材原本的味道，制作方法简单。还告诉大家如何在狭小的厨房中，快乐地做出可以保存较长时间的食物。她还提出了一些在城市里也可以完成的应季手工劳动。她的菜谱非常具有说服力，拥有众多粉丝。活跃于书籍、杂志、广告领域。著有《配餐室的周末贮存食品和每日餐饮》《铁锅制作的美味蔬菜食谱》等美食书籍。

1. 渡边老师谈到，她平时喜欢使用简单的白色茶具。但是，在茶会时，会稍稍装扮一下茶托。比如在茶托周围饰以鲜花，摆放得像花环一样。

2. 将放有香料或果脯的红茶放在玻璃容器中，可以引起来宾的热烈讨论。"对于红茶爱好者来说，只是谈论茶叶的颜色、粗细这种小事，就会非常开心。"

3. 渡边老师认为"亮闪闪的茶具和这张桌子不匹配"，所以使用健康茶业集团（TWG Tea）的铁质茶壶。但因为用铁茶壶盛放红茶会影响口感，所以茶壶内壁贴有搪瓷。放茶漏的小碟子是木质的。

Tea

（左）新加坡品牌"健康茶叶集团"的"红柴"。路易波士茶中掺有粉红胡椒和小豆蔻，喝起来非常有异国情调。（中上）英国经营上等有机红茶的品牌——"汉普斯敦有机茶"的"马卡巴力庄园伯爵格雷红茶"。（中下）只从单一产地收购茶叶的英国老店"马克伍兹好茶"的"拉波里尔庄园·英式下午茶"。（右）中国台湾高级高山茶"梨山"。口感清爽，没有其他杂味。

　　每次茶会，渡边老师一定会用中国台湾茶作为结束茶。理由是：喝中国台湾茶时口腔中非常清爽，令人心情平静。但是中国台湾茶可以冲泡十次，所以喝最后一杯茶时，有时还会接着再聊两个小时。

香料饼干司康 & 原味司康

❖

制作这款饼干类型的司康时，只使用极少的泡打粉。
提前冰镇面粉和黄油，是司康酥脆爽口的秘诀。

香料饼干司康

·●■●◆●■●·

材　料

〔可制作 7 ～ 8 个直径 7 厘米的圆形司康〕

A
泡打粉 1/3 小匙　/　甜菜糖 1.5 大匙　/　食盐 1/2 小匙

低筋面粉 230 克　/　黄油（无盐）45 克　/　牛奶 130 毫升
橄榄油 2 小匙　/　岩盐少许　/　香料 4 枝

*选择符合个人口味的香料。本次使用迷迭香和百里香。

制作方法

事先准备　低筋面粉过筛后放入冰箱冷藏保存。黄油切成边长为 1
厘米的立方体，放入冰箱冷藏保存。将烤箱预热，温度
为 180℃。

将 A 加入低筋面粉中，搅拌均匀。加入黄油，继续搅拌（a），
用手将黄油裹上面粉，揉碎（b），用手掌将材料揉搓搅拌至肉松
状（c）。加入牛奶，搅拌，将香料从茎上捋下来（d），用刮刀轻
轻搅拌（e）。在手上轻轻沾一些面粉，用手将碗中材料聚成一个面团。

在砧板上撒一些面粉，将面团放在砧板上，用擀面杖将面团
擀成 1 厘米厚的面饼（f），用直径 7 厘米的圆形模具做出司康的
样子（g）。剩下的面重新擀成面饼，用模具制作司康。用刷子
在司康表面刷橄榄油，撒岩盐（h）。放入 180℃的烤箱中，烘烤
20 ～ 25 分钟，烤至表面上色。

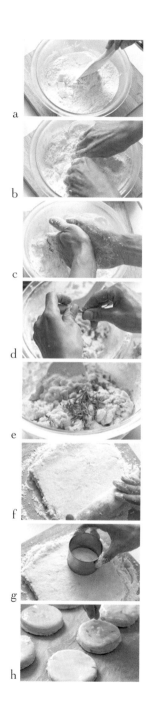

a

b

c

d

e

f

g

h

原味司康

制作方法

制作原味司康时，不放香料，食盐只放 1/3 小匙。表面刷牛奶，不刷橄榄油。之后的做法和"香草饼干司康"做法相同。

香料饼干司康，香料味道浓郁、风味强烈，带有一丝咸味，非常适合搭配乳脂含量为 60.5% 的浓厚德文郡奶油"罗达斯"。"罗达斯"产自康沃尔郡，在料理研究家之间拥有很高人气。

苹果法国洋梨果酱

材料
〔便于制作的量〕

苹果（红玉苹果等）1 个　/　法国洋梨 1 个
柠檬汁 1/2 个柠檬的量　/　香草精 1/2 小匙
甜菜糖（也可以用细砂糖代替）100 克

制作方法

将苹果和法国洋梨削皮、去核，切成 5 厘米厚的扇形（切成圆形薄片，之后横竖各切一刀切成四等份），浇柠檬汁。放入小锅中，加入甜菜糖搅拌均匀，煮大约 10 分钟，直至熬干水分。转为文火加热 12 分钟左右，时不时用木铲搅拌，加入香草精，关火。

　　将种植在阳台上的香料摘下之后，立刻把它加入司康中。刚刚摘下的香料气味强烈，是很奢华的美味。这次的司康中加入的是迷迭香（左）和百里香（右），也可以加入莳萝、牛至和洋苏草等香料。

两种茶会三明治

水芹三明治

三明治中夹着满满的水芹，
稍稍带有一丝苦味，是属于成年人的三明治。
里面酸奶油的酸味使其更加美味。

材 料
〔可制作 2 人份〕

水芹 2 捆 / 食盐 1/2 小匙 / 黑胡椒适量
酸奶油 2 大匙 / 黄油 2 小匙
三明治专用面包（10 片装）4 片

制作方法

在水芹上撒少量食盐（准备材料之外），
放入热水中焯 1 分钟左右，捞出放入凉水
中，沥干水分后，用厨房纸擦干。切末，
放入碗中，稍稍多撒一些食盐和黑胡椒，
加入酸奶油，搅拌均匀（a）。在 4 片面包
上涂一层薄薄的黄油，将 a 放在面包上夹
成三明治。稍放置一段时间使其入味，随
后切成四等份（b / c）。

鹰嘴豆三明治

三明治中夹着中东人气豆食品——鹰嘴豆酱。
这款带有大蒜味三明治，
非常适合搭配浓红茶、花草茶等。

材 料
〔可制作 2 人份〕

A
大蒜少许 / 食盐 1/3 小匙 / 橄榄油 2.5 大匙

鹰嘴豆（煮熟后的）80 克 / 黄油（有盐）2 小匙
三明治专用面包（10 片装）
白色面包和棕色面包各 2 片

制作方法

将鹰嘴豆煮熟后，趁热加入材料 A，
放入手持搅拌器（也可以用食品料理机代
替）等机器中，搅拌至细腻柔滑 (a)。在 4
片面包上涂一层薄薄的黄油，将拌好的鹰
嘴豆酱放在面包上夹成三明治。稍放置一
段时间使其入味，随后切成四等份 (b / c)。

a 水芹三明治

a 鹰嘴豆三明治

b 相同的步骤

c 相同的步骤

焦糖果仁果脯

❖

这款甜点色泽亮丽，仿佛是糖人工艺品。
乍一看好像很难做，
但实际上做法惊人的简单。
只需要将砂糖、坚果、果脯熬煮后待其凝固，
再切块即可。
非常适合搭配浓茶。

◆ ● ● ◆ ● ●

材　料
〔方便制作的量〕

美洲山核桃（烘烤过的）50 克
腰果（烘烤过的）50 克　／　无花果干 4 个
细砂糖 100 克　／　水 200 毫升

制作方法

将无花果干分成两等份。在烤盘上铺烤箱纸，之后在烤盘中铺满无花果干、美洲山核桃和腰果。在小锅中放入细砂糖和水，文火熬煮，待砂糖全部融化之后用木铲时不时搅拌，熬煮糖水至沸腾、上色为止。

♥ 充分熬煮后，砂糖水会有煳香味，非常美味。将煮上色的糖水浇在铺满食材的烤盘上，静待其凝固。之后再用手掰成方便食用的大小（a）。

a

柠檬蜂蜜
& 香料水果糖水

✤

这款甜品味道酸甜，有香料的味道。
我们如果在里面加入一些红茶，
就可以一次品尝双重美味。
想去除口腔中浓烈的味道时，
也可以吃这款甜品清口。

材 料
〔方便制作的量〕

A
肉桂棒1根 / 小豆蔻6颗 / 丁香5颗

柠檬4个 / 蜂蜜200毫升

制作方法

柠檬剥皮，再去除内层的白瓤，之后切成厚约1厘米的圆片。放入小锅中，加点蜂蜜，倒入A，文火熬煮。大约熬煮8分钟，去除涩味，关火，冷却。

在糖水中加入红茶，就变成柠檬花草茶。夏季时，在糖水中加入冰红茶也非常好喝。

星谷菜菜的茶会

英国湖区风格茶会

星谷菜菜说："我从小就特别喜欢看描写茶会的故事，会反复去看那些片段，去想象茶会是什么模样。"

据说她尤其喜欢《彼得兔》系列中的《馅饼和馅饼锅的故事》。

"这是一个黑色童话。小狗道格斯受邀来到小猫立比家参加茶会，但是它不想吃自己不喜欢的馅饼，于是用自己做的馅饼偷偷替换掉立比做的馅饼。从茶会的准备到参加茶会前的举止动作，书中都有描写，非常有趣。"

所以，星谷老师今天想办一场彼得兔的故乡——英国湖区风格的茶会。

因为茶会是边吃边聊，所以茶会的茶点要口感清爽，吃完后不至于太饱，这样宾客才可以一直吃下去。

"如果吃得太饱就不太想讲话了呢。"

◇ **星谷菜菜** ◇

主要活跃于杂志、图书领域。除料理外，她风格可爱的生活方式也受到众多粉丝的推崇。无论是茶叶还是甜点、茶具、茶会，她都非常喜欢。星谷老师也很喜欢红酒，坦诚自己喝下午茶时，也喜欢喝一点玫瑰红葡萄酒。著有《幸福的美味：法式土司》等多部美食书籍。

Menu
原味司康(P89)

自制香料柠檬黄油(P90)

胡萝卜糕(P92)

香蕉芝麻菜三明治(P94)

自制玫瑰甜酒(P95)

自制苹果玫瑰酱(P96)

1. 古典风格的牛奶罐和茶漏。这些是在法国、英国、日本等地的古玩市场购买的。

2. 古典风格的餐盘。非常喜欢极具英国风情的蓝白花纹餐盘。图左边是英国伯利公司的"蓝色亚洲野雉系列"餐盘。

3. 古典风格的蛋糕盘和茶杯。茶杯是在法国跳蚤市场购买的,盘子和勺子是在英国购买的。不是很在乎品牌,觉得它们很可爱就买下来收藏。用各式各样的茶具、器皿布置餐桌是一件非常快乐的事。

一直非常想得到一把小房子造型的茶壶，后来终于买到了。茶壶保温罩是卖茶壶的老太太自己织的老物件，质量非常好，简直就像是为这个茶壶量身定做的一样。

自制花草茶

　　将玫瑰花瓣、万寿菊、茉莉花、洋甘菊、甘草、接骨木花、肉桂等香料和茶叶混合在一起，制作适合当天茶会饮用的茶水。茶叶最好选用顶普拉这种没有强烈特征的茶。现在很适合将茶叶和接骨木花混在一起饮用，据说接骨木花对花粉症有很好的疗效。和宾客一起选择香料、亲手制作花草茶，茶会也会变得非常热闹。

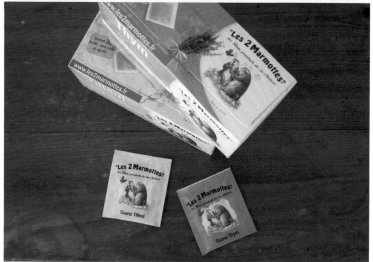

Tea

　　（上图）到斯里兰卡高原茶田参观时，发现了这款曼斯那茶。非常喜欢它可爱的包装和自然的口感。家中常备有这个牌子的顶普拉红茶、卢哈纳红茶、乌沃红茶和努瓦拉埃利亚红茶。最近得知它在日本可以买到，非常有人气。

　　（下图）在法国旅行时，在超市发现了这款花草茶的茶包。因为包装可爱就买了下来。如果去国外，一定会到当地超市的红茶专柜看看。

原味司康

✤

司康呈鸡蛋色，表面口感酥脆，中心绵软。
制作时没有加水，只加原味酸奶，味道清爽。
搭配香料柠檬黄油或果酱食用，味道更佳。

━━━━●━●●━●●━━━

材　料
〔可制作 15 个直径 4.5 厘米的花形司康〕

A
鸡蛋 1 个　/　原味酸奶 90 克

B
低筋面粉 200 克　/　砂糖 2 大匙　/　泡打粉 2 小匙

黄油（有盐）50 克　/　干面粉适量　/　蛋液适量

制作方法

事先准备　将黄油切成边长为 1 厘米的立方体，用保鲜膜包好，放
入冰箱冷藏保存。将 A 放入碗中，搅拌均匀，放入冰箱
冷藏保存。

将 B 中材料混在一起，过筛，用干净的手迅速搅拌。加入提
前冰镇好的黄油，用手将黄油裹上面粉，揉碎（a），搅拌至所有材
料均匀混在一起，看不到黄油颗粒为止（b）。

此时，为了避免黄油融化，动作要迅速。加入提前冰镇过的 A，
用铲子像切面一样搅拌。将材料混合至八成左右（c），聚成一块面团，
用保鲜膜包好（d），放入冰箱冷藏 30 分钟以上。

将烤箱预热，温度为 180℃。在砧板上撒干面粉，将冷冻好的
面团放在砧板上，再撒一些面粉，用擀面杖擀成约 2 厘米厚的面饼

a

b

c

d

e

f

制作方法

在模具上撒一些干面粉，用模具做出司康的形状（f）。用刷子将剩下面饼上的面粉刷掉（面团中混入一点面粉，面就会变硬）（g），再次揉成面团（h），用擀面杖擀成约2厘米厚的面饼（i）。

用模具做出司康的形状。在烤盘上铺烤箱纸，摆放整齐，每个司康之间要留出空隙。用刷子在司康表面刷蛋液（j），放入烤箱烘烤，温度180℃，时间约20分钟。

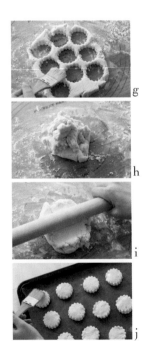

司康可搭配
自制香料柠檬黄油

自制香料柠檬黄油

材　料

〔可制作15个直径4.5厘米的花形司康〕

黄油（有盐）100克　/　迷迭香（切末儿）1小匙
搓成丝的柠檬皮（1/4个柠檬的量）

制作方法

黄油在室温下软化，放入碗中，加入剩余的其他材料，用打蛋机打发至松软。

♥ 自制苹果玫瑰酱的制作方法在P96。

日常使用的茶壶和茶杯

　　星谷老师非常喜欢茶具、餐具。她在日常生活中使用的茶具又是什么样子的呢？我们带着这样的好奇心参观了她的茶具。下面照片中靠左的茶壶，是她在大江户古玩市场购买的英国不锈钢茶壶。类似拍摄活动这种很多人需要喝茶的场合，星谷老师就会用它沏满满一壶茶。旁边的是正统的下午茶棕茶壶。茶叶的味道已经深深浸入壶身，星谷老师非常喜欢这一把壶，每天都用它喝茶。上面照片中的茶杯是在古玩市场购买的"冬至"牌的老物件。星谷老师非常喜欢这个茶杯，每天都用它喝茶。

胡萝卜糕

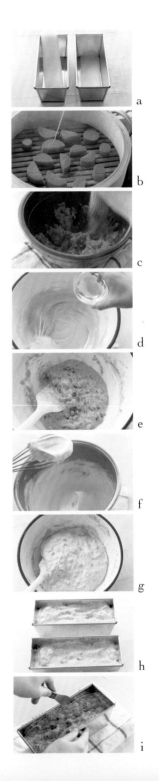

材　料

〔可制作 2 条高 7 厘米、长 18 厘米、宽 6.5 厘米的胡萝卜糕〕

A

低筋面粉 80 克　/　肉桂粉 1 小匙　/　泡打粉 1/2 小匙

胡萝卜 1 大根　/　葡萄干 40 克　/　核桃仁 30 克

鸡蛋 3 个　/　蔗糖 50 克　/　色拉油 1 大匙

制作方法

事先准备　核桃仁干焗，切成大粒。将鸡蛋的蛋黄和蛋清分离，蛋清放入冰箱冷藏保存。在模具底部铺烤箱纸（a）。将 A 中的各种粉混合、过筛。

在碗中放入蛋黄和一半的蔗糖，用打蛋器搅匀。一点点加入色拉油，搅拌均匀。将胡萝卜带皮切成一口可以吃下的大小，在已经冒热气的笼屉上蒸 15 分钟左右，蒸至筷子可以扎透的程度（b）。趁热将胡萝卜放入捣蒜罐中捣成泥（c）。拌入葡萄干，冷却。两者混合，加入核桃仁，用铲子粗略搅拌一下（e）。在另一个碗中放入蛋清，用手持搅拌机或打蛋器打发。打至绵软发白后，一点点加入剩下的一半蔗糖，打发成黏稠的蛋白酥（f）。与加入 A 中材料的（e）交替着在碗中搅拌混合，每次倒入 1/3，每次倒完都用铲子像切面一样搅拌均匀（g），轻轻搅拌，尽量不破坏蛋白酥的泡沫。

将其倒入模具（h），在已经冒热气的笼屉上蒸 25 分钟左右。用筷子扎胡萝卜糕，如果不沾筷子就做好了。最后将胡萝卜糕放在蛋糕架上，冷却后，用刀贴着模具壁将胡萝卜糕和模具分离，取出胡萝卜糕（i）。

将放有大量胡萝卜的面浆和蛋白酥合在一起蒸，
就做成了这款湿润而绵软的胡萝卜糕。
因为加了很多鸡蛋，所以口感很像布丁。
茶会时如果一直吃面点，口会非常干，
所以主人特准备了这款湿润的甜点。

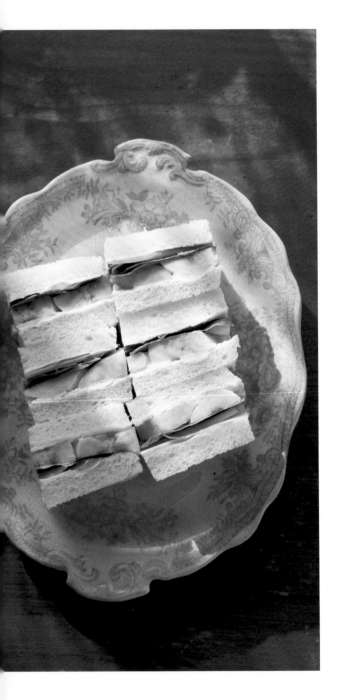

香蕉芝麻菜三明治

✤

三明治的甜味只来自于香蕉。
里面还夹有微苦的芝麻菜和酸酸的酸奶油，
口感清爽。
这款三明治意外地没有强烈的口感，
适合搭配任何红茶。
用水芹或罗勒代替芝麻菜，
一样非常美味。
希望三明治分量足一点时，
还可以再夹一些火腿。

材　料
〔方便制作的量〕

香蕉 2 根 ／ 芝麻菜 2 棵
三明治专用面包（10 片装）4 片
酸奶油 3 大匙 ／ 食盐、黑胡椒各适量

制作方法

将香蕉斜着切成薄片。将芝麻菜切成 3
等份备用。在面包上涂酸奶油，轻轻撒一些
食盐、黑胡椒，放上香蕉片、芝麻菜，盖上
另一片面包做成三明治（a）。

a

自制玫瑰甜酒

❖

可以用自制的玫瑰甜酒作为茶会的欢迎饮料。
甜酒原本是指将香料泡在酒中制成的饮料，
也有药的功效。
现在在英国，甜酒已经演变成一种
使用新鲜的香料和水果制成的无酒精饮料，
依然大受欢迎。

材 料

〔方便制作的量〕

用于制作花草茶的干玫瑰 10 克
水 300 毫升 ／ 砂糖 200 克
柠檬汁（1 个柠檬的量）

制作方法

在锅中加水，煮至沸腾。将锅从火上端
走，放入玫瑰，搅拌，盖上锅盖闷 3 分钟。

加入柠檬汁和砂糖，搅拌至砂糖全部融
化，盖上锅盖，放置一晚后，用筛子过滤，
放入密封容器中。冲水或苏打水喝。

◀ 自制苹果玫瑰酱

在做"自制玫瑰甜酒"时剩下的玫瑰，可以用来制作玫瑰酱。将步骤1锅中的玫瑰过滤后，放入另一个小锅中，接着加入切成扇形的苹果片（1个苹果，200克左右）、2大匙蜂蜜、1大匙水。大火熬煮约7分钟。熬煮时注意搅拌，防止煮煳。自制苹果玫瑰酱就完成啦。

◀ 用于制作花草茶的干玫瑰，也叫作玫瑰花瓣。可以在经营香料的商店、超市、甜点用品店或网络商城购买。

星谷老师珍藏的古典风格蕾丝小桌布和有着精美刺绣的古典风格茶巾。这些是她在旅途中一点点收集来的。

"隐居处"沙龙。我们坐在这间教室内高雅的沙发上,开始下午茶课程。该沙龙另有"英式红茶 & 茶桌布置""在自家举办下午茶沙龙(讲座)"等课程,也颇受学员欢迎。

Part 2
理子夫人的
英式下午茶课程

"隐居处"已经成为日本最难预约的沙龙红茶教室，

目前讲座预约人数达 200 人，预约时间已经排到了两年之后。

沙龙的创办人就是理子夫人——藤枝理子。

理子夫人告诉我们，"下午茶"课程班人气极高。

因此，本书在这里为大家奉上一堂

可以立刻学以致用的下午茶礼仪课程。

◀ 照片中是正式茶会
时的一种餐桌布局，
客人坐于沙发，茶点
摆放于日式矮几。茶
具和刀叉是维多利
亚风格的古典银制
品，茶杯是英国皇家
皇冠德贝瓷。食物不
放在蛋糕托盘上，而
是摆放在专门的银
盘或水晶盘中。

藤枝理子因痴迷于红茶，曾远赴英国专门学习红茶知识。她留学的最主要原因之一，就是想要学习真正的下午茶礼仪。

阶层不同，礼仪不同

对日本人来说，很难切身理解"阶层"这个词，但英国的确是阶层分明的社会。而且越是贵族，里面的阶层划分得越细，越接近上流社会，他们的信息封锁得越严密。

下午茶原本就是源于贵族的一种生活习惯。阶层不同，下午茶礼仪也会略有差异。自然，上流社会的下午茶礼仪基本是不对外公开的，只有同一阶层的人才能得知。"我来到英国，是想要学习真正上流社会的下午茶礼仪，没错，是要学习那种即便参加英国女王的茶会也不会丢脸的礼仪，学成之后才会回到日本。"藤枝理子抱着这样的信念，在英国社会一点点赢得当地人的信赖，最终学到了出席任何正式的茶会都不会有失风度的下午茶礼仪。

礼仪会使茶会有趣数倍

大家可能会疑惑：我又不能去参加女王的茶会，学什么正式礼仪呢？当然，我们学习礼仪，并不是想要变成贵族。

但是，如果学会在任何高级茶餐厅都通用的礼仪，是不是能够更加轻松地享受下午茶呢？

学会这些礼仪后，我们可以专心享受美味的茶点，和有趣的人交谈，而不是一边喝茶一边担心自己的言行举止是否适宜。

安妮向往的周末茶会

藤枝理子

英国红茶 & 礼仪研究家。沙龙顾问。在东京开有沙龙红茶教室"隐居处"。现在活跃于电视节目、杂志、讲座等诸多领域。著有《受邀参加伊丽莎白女王的茶会》《午后三点红茶课程，助你成为茶会上的公主》等书。

藤枝理子谈到，她在小学三、四年级时，每个周末都会自己举办茶会或者参加别人的茶会。

虽然这件事听起来特别了不起，但实际上，我们只是在钢琴课下课后，一起练习钢琴的同学轮流在自己家里办茶会。

比起参加别人的茶会，藤枝理子更喜欢自己办茶会。她每次都特别有干劲地烤点心、泡红茶、布置茶桌。

她当时办茶会参考的范本就是《绿山墙的安妮（手绘本）》。

"我特别喜欢绿山墙的安妮。书中描写茶会的部分，我翻来覆去读了好多遍。这本书中详细描写了许多在安妮的世界里出现的点心、菜肴，简直就是我梦想中的画册。这套书共有三本，都是大型绘本，小学生用零用钱根本买不起。我一直央求母亲，她终于答应买一套给我。我做了柠檬派、杏仁太妃糖、巧克力奶油蛋糕等许多点心，可能把书中所有的点心都做出来了呢。"

笔者问她是否也和安妮一样有过非常愉快的失败经历。

"当时的我觉得失败也是非常快乐的。"藤枝理子开朗地回答。

现在，藤枝理子将红茶教室作为自己毕生的事业，努力向大众推广红茶的魅力。而这一切的起点无疑正是《绿山墙的安妮》。

关于下午茶的 Q&A

Q: 下午茶由谁发明？起源于何时？

A: 下午茶是 1840 年时，由贝德芙公爵夫人安娜发明的。贝德芙公爵在维多利亚女王麾下任职，是当时的名门望族。当时的饮食习惯是一日两餐，分别为早餐和晚八点开始的晚餐。因此，感到饥饿难耐的安娜，便会在下午四点左右，在卧室偷偷地享受下午茶时光。安娜也会在客房和朋友们一起喝下午茶，那里便渐渐成了她们的社交场所。不知何时，下午茶开始风靡整个时代，成为一种优雅的生活习惯。

Q： 三层蛋糕托盘上的食物，食用时有顺序吗？

A： 有顺序。基本的顺序是：三明治、司康、酥皮点心。此顺序不可逆。即使你认为甜食和咸食换着吃更美味，也必须忍耐着按正确顺序食用。

Q： 为什么英式下午茶一定会有黄瓜三明治？

A： 在下午茶诞生的维多利亚时代，黄瓜是十分珍贵的食物。贵族们出于攀比心理，会在院子的温室内种植黄瓜，有时甚至会建造专门种植黄瓜的温室。所以，黄瓜三明治在当时是财富和权力的象征。

Q: 矮几沙发茶会和高脚桌椅茶会的礼仪不同吗?

A: 是不同的。实际上,高脚桌椅茶会叫作"晚茶",是非正式的茶会。它并不是指上流社会的茶会。在矮几沙发茶会时,端茶杯要连同托盘一起,而高脚桌椅茶时,喝茶时不可以碰茶托。其他具体的差异将在第 115 页详细说明。

Q: 下午茶时必须要使用蛋糕托盘吗?

A: 对日本人来说,三层蛋糕托盘就是下午茶的标志,但实际上,英国家庭在办茶会时基本不使用它。进入 20 世纪后,酒店、茶餐厅为了使服务更加规范,才开始使用蛋糕托盘。在正式的下午茶茶会上,不会雇用服务人员,女主人会亲自招待宾客,为宾客提供红茶和点心。那时会使用一种叫作"送菜升降机"的大型蛋糕托盘代替服务人员,在上面摆放茶具和糕点。这就是下午茶用蛋糕托盘的起源。因此,下午茶时并不一定要在桌子上摆放三层蛋糕托盘。照片中是木质可折叠蛋糕托盘,大小介于送菜升降机和餐桌蛋糕托盘之间。可在古玩商店购买。

Q: 下午茶礼仪真的来源于日本的茶道吗?

A: 如果你爱好茶道,就会发现下午茶礼仪和茶道礼仪非常相似。大约在 350 年前,茶叶传入欧洲,吸引英国人民的不仅仅是茶的味道,还有茶所蕴含的精神,他们对茶道也非常向往。当时非常流行用没有把手的茶碗品茶,礼仪规矩和茶道非常相似。壁炉装饰则效仿日本的壁龛,绘有各种纹饰。

Q: 应该用哪只手取食食物?

A: 应该用左手。因为右手用来端茶杯,如果用右手拿取食物,食物的油脂沾在茶杯把手上会变得很滑,容易打碎茶杯。日本人有很多是右撇子,刚开始时可能会不太习惯,请多加留意。

司康

✤

刚咬下去口感松脆，咬到中间则绵软湿润。

这款司康美味的秘诀就是，不要揉面团。

而且要将面团层层重叠，营造出层次感。

━━━━━◆●◆●◆◆━━━━━

材　料

〔可制作 8 个直径 5 厘米的司康〕

A
低筋面粉 225 克　／　泡打粉 2 小匙
食盐 1/2 小匙　／　细砂糖 40 克

B
鸡蛋牛奶混合物（1 个鸡蛋）110 ～ 120 毫升

黄油（无盐）50 克

a

b

c

d

制作方法

黄油切成边长为 1 厘米的立方体，在室温下软化。将 A 混合后过筛，筛入碗中。在面粉碗中加入黄油，用指尖按碎黄油，使其裹满面粉，接着用手将面粉揉搓搅拌成干燥的肉松状（a）。

♥ 此时要动作迅速。注意一定不要去揉面。搅拌为面团时，以碗内还残留一些面粉的状态为佳。

在中间挖一个坑，倒入 B（b），随后一边转动碗，一边用刮板以切面团的方式搅拌混合，使面粉成为面团（c）。用保鲜膜包好，在冰箱中冷藏 1 小时左右。

将烤箱预热，温度为 180℃。在砧板上撒一些干面粉，将冷藏好的面团放在砧板上，整理成方形，再用擀面杖擀成厚度为 2 厘米的面饼，用模具做出司康的形状（d）。然后放入烤箱烘烤，温度为 180℃，时间 20 ～ 25 分钟。

三种茶会三明治

❖

在英式下午茶中，黄瓜三明治被称为"餐桌上的贵妇"，是最高级的待客料理。

此外，三明治的面包越薄，这场茶会就被认为越正式。

这是一种身份高的象征——"我家雇用的厨师技术就是这么好"。

除了黄瓜三明治之外，这里还将向大家介绍很有英国风情的鸡蛋水芹三明治和熏鲑鱼三明治。

熏鲑鱼三明治

材 料
〔可制作2人份〕

```
              A
白葡萄酒醋 1/3 小匙  /  柠檬汁少许
        食盐、胡椒各适量
```

熏鲑鱼6片 / 奶油芝士60克
三明治专用面包6片

* 正式场合中，会使用白色面包和棕色面包两种。

制作方法

将A中材料撒在熏鲑鱼上，待其入味。入味后用厨房纸等去除熏鲑鱼的水分。将其铺在一片涂有厚厚的一层奶油芝士的面包上，再盖上另一片涂着厚厚奶油芝士的面包。切掉面包边，从上方轻压三明治，之后切成可以一口吃掉的大小。

鸡蛋水芹三明治

材 料
〔可制作2人份〕

煮鸡蛋2个 / 水芹适量 / 蛋黄酱2大匙
黄油（有盐）、芥末、食盐、黑胡椒各适量
三明治专用面包6片

* 正式场合中，会使用白色面包和棕色面包两种。

制作方法

将煮鸡蛋和水芹切成较粗的丝，用蛋黄酱拌好，加入食盐和黑胡椒调味。放在一片涂有黄油的面包上，盖上另一片涂有芥末的面包。切掉面包边，从上方轻压三明治，之后切成可以一口吃掉的大小。

黄瓜三明治

材 料

〔可制作2人份〕

黄油（有盐）、芥末、食盐、黑胡椒各适量 / 黄瓜1根
三明治专用面包6片

* 正式场合中，会使用白色面包和棕色面包两种。

制作方法

将黄瓜两头切掉，之后切段，黄瓜段长度和面包宽度相等（a）。将黄瓜段纵向切成薄片（b），在黄瓜片上撒少许食盐和黑胡椒。

在一片面包上涂黄油，将黄瓜片一片片错开排列。在另一片面包上涂芥末，盖在有黄瓜片的面包上。切掉面包边，从上方轻压三明治，之后切成可以一口吃掉的大小。

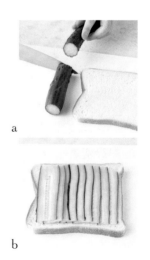

a

b

维多利亚三明治蛋糕

✤

维多利亚女王最喜爱的蛋糕。

虽然叫作三明治，但其实是一种烘烤糕点。

它是下午茶时一定会出现的传统英国点心。

用两个蛋糕模具烤出表面平整的蛋糕，

中间夹果酱，维多利亚三明治蛋糕就做好了。

这次，我们会在蛋糕上装饰可食用鲜花，使它更加华丽。

———————◆◆◆◆◆———————

材　料
〔可制作 2 个直径 16 厘米的圆形蛋糕〕

A
低筋面粉 100 克　/　泡打粉 1 小匙　/　细砂糖 100 克

黄油（无盐）100 克　/　鸡蛋 2 个
覆盆子果酱、绵白糖各适量　/　可食用鲜花适量

制作方法

　　黄油在室温下软化，放入碗中，用打蛋器搅拌至光滑细腻。分 3 次将细砂糖加入，用打蛋器将黄油打发至发白绵软的奶油状。再加入打匀的蛋液，搅拌均匀。将材料 A 中的低筋面粉和泡打粉搅拌均匀并过筛，加入黄油蛋液中，双手交替拿橡胶铲搅拌材料，直至搅拌出光泽。

　　将烤箱预热，温度为 170℃。在两个模具中各倒入一半面浆，用奶油刀抹平（a）。然后送入烤箱烘烤 30 ~ 35 分钟，温度为 170℃。从模具中取出蛋糕，冷却。在其中一块冷却的蛋糕上涂覆盆子果酱，盖上另一块蛋糕。在蛋糕表面撒满绵白糖，装饰可食用鲜花（b）。

a

b

果馅派

材料

(可制作 12 个直径 5 厘米的果馅派)

A

葡萄干(依个人口味选择种类)50 克 / 蔓越莓干 25 克
陈皮 25 克(切碎) / 苹果 1/4 个(切成边长 5 毫米的丁)
五香粉 1/2 小匙(没有时也可用肉桂粉替代)
黄糖 10 克 / 橙汁 30 毫升

黄油(无盐)10 克 / 朗姆酒 1 大匙 / 低筋面粉 150 克
绵白糖 2 小匙 / 黄油 80 克 / 鸡蛋黄 1 个 / 牛奶 1 小匙

制作方法

提前一天将果馅腌好。将材料 A 放入小锅中混合，黄油切成边长为 1 厘米的小正方体，放入小锅中，开火加热，煮沸后转为文火，继续熬煮约 10 分钟。冷却后，加入朗姆酒，搅拌均匀，放入冰箱内冷藏，腌一个晚上。

制作酥脆派皮：将低筋面粉过筛，筛入碗内，加入绵白糖和黄油(切成边长 1 厘米的小立方体)。黄油碾碎，和面粉混合，用手揉搓至面粉非常干爽。将牛奶和蛋黄搅拌均匀，制成蛋液，加入其中，用刮板以切面团的方式搅拌混合，使面粉成为面团。然后用保鲜膜包好，放入冰箱醒 1 小时左右。

在砧板上撒一些干面粉，将冷藏好的面团放在砧板上，面团上轻轻撒一些低筋面粉(准备材料之外)，用擀面杖将面团擀成厚度为 5 毫米的面饼，用直径 7 厘米的菊花形模具做出 12 个派皮，将剩下的面用擀面杖擀成厚度为 2 毫米的面饼，用模具做出 12 个星形。

将烤箱预热，温度为 180℃。在派的模具底部铺好菊花形面饼。放入适量上述已备好的果馅，上面盖一片星形面饼(a)，表面涂一些牛奶(准备材料之外)。最后放入烤箱烘烤，温度为 180℃，时间 20 ~ 25 分钟，烤至上色。

a

藤枝理子钟爱的德文郡奶油

（左）原味德文郡奶油。乳脂含量 55.1%。据说用英国德文郡产的牛奶制作的德文郡奶油品质最棒最正宗。这款奶油无疑是正宗的德文郡奶油。

（右）英国风味北海道德文郡奶油。乳脂含量 61%。接近英国的德文郡奶油，口感清爽绵软。在当地所产奶油中，藤枝理子老师最喜欢这一种。

关于维多利亚三明治蛋糕模具

　　右侧照片中是维多利亚三明治蛋糕专用模具，高约 3 厘米。但很可惜日本没有生产这种模具，大家在制作维多利亚三明治蛋糕时，可以选用贝印公司生产的圆形蛋糕模具（左侧照片），高约 1 厘米。这次的维多利亚三明治蛋糕就是用贝印公司的模具制作的。

招待客人时如何布置茶桌

在日本,来客人时,我们一般将点心和茶水放在托盘上端给客人。

但在英式下午茶时,

女主人尽量不要站在茶桌旁边, 要提前布置好茶桌。

使用同款餐具茶具

为每位客人选择符合他喜好或款式的茶杯,会让人觉得非常贴心,但是在正式的下午茶时,茶具、餐具必须是成套的。茶点放在桌子中央,方便大家取食。

蛋糕盘和茶杯的摆放位置

首先,将蛋糕盘正对着每个座位摆放。接着,将茶杯摆在蛋糕盘的右上方,茶杯把手朝右。

► **区分使用瓷器和陶器**

在正式的下午茶场合，会使用描金的瓷器；在比较休闲的茶会或聚会的场合，经常使用陶器。左侧的瓷器是英国皇家皇冠得贝瓷。右侧的瓷器，是英国伯利品牌的产品。茶具不只外观不同，品茶时感受味道的方式也不同。

将茶巾放在盘子上

将茶巾对折成三角形，直角朝向座位放在盘子上。不能反向放置。另外，可以在茶巾里面夹餐巾纸，方便客人擦手、擦嘴。茶巾比普通吃饭时用的餐巾要小，边长为 25 厘米左右。

刀叉的种类和摆放位置

茶点基本上都是可以用手取食的种类，可以只摆放一把餐刀。但有时根据酥皮点心的种类，可以贴心地多放一把叉子。

茶匙的摆放方向

关于茶匙的摆放方向有很多种说法，但在上流社会的茶会，一般会将茶匙摆放为和茶杯把手成一个直角。

三层蛋糕托盘应该如何布置?

按照食用顺序, 托盘从下向上可以依次摆放三明治、司康、酥皮点心 (模式 A)。但是如果司康刚刚烤好, 散发的热气会融化酥皮点心的奶油, 为了不使甜点变干, 则按照三明治、酥皮点心、司康的顺序摆放比较合理 (模式 B)。酒店等场合在布置三层蛋糕托盘时, 最终还是重视外观, 不一定按照上述顺序摆放。

❧ 如何取食茶点 ❧

在吃茶点时，需要遵守一些礼仪。
虽然这些礼仪并不难，但对日本人来说会有些不习惯，需要提前记好。
大家在去茶餐厅之前，可以看看这一页的内容。

取食顺序是什么？

如果是三层蛋糕托盘，不管上面食物的摆放顺序是什么，基本上都是按照三明治、司康、酥皮点心的顺序拿取食用。如果是正式的下午茶场合，会按食用顺序一盘一盘端给客人。

三明治和酥皮点心的拿取方法

用右手端盛放食物的盘子，左手拿食物，接着将食物放在自己的餐盘中。这时，不要直接从蛋糕托盘上拿取茶点。

三明治和酥皮点心的食用方法

用左手从自己的餐盘中拿起食物，整个放入口中，不要一口一口地食用。拿茶点时五指并拢，吃的时候露出指甲，这是非常高雅的食用方式。

> ### 错误做法！
>
> 张开手指，从上面抓点心是非常不雅观的。要时时注意并拢手指。

司康的食用方法

1. 在盘子上放适量的果酱和德文郡奶油。

2. 用手将司康从中间掰成两半，不要使用餐刀。

3. 放下右手的司康。

4. 首先，用餐刀在司康上抹果酱。

5. 接着在果酱上抹德文郡奶油。之所以后抹德文郡奶油，是因为直接在温热的司康上抹奶油，奶油会融化，使司康变软，所以先抹果酱，再在果酱上抹奶油。

错误做法！

严禁在司康上抹满奶油、果酱。在正式场合，如果像涂吐司一样，在司康上涂满奶油和果酱，是非常不高雅的。

不要吃橘皮果酱。在正式的下午茶场合，不能在司康上抹橘皮果酱。在英国，橘皮果酱是早餐时抹在吐司上的，如果出现在下午茶中，会被认为是早晨吃剩下的。

英式黄金法则泡出美味红茶

下午茶的主角是红茶。有好喝的红茶才称得上是茶会。
在英国，有五条泡出美味红茶的黄金法则。
在这里，将这五条法则一并介绍给大家。

1. 使用正确保存的优质茶叶

所谓优质茶叶，并不是昂贵的茶叶，而是"正确保存的、新鲜的茶叶"。串味和急剧变化的温度是红茶的敌人，因此，不能在冰箱或冰柜中保存红茶。要在低温、无阳光直射的地方用容器密封保存。开封后要在一个月内喝完。

2. 烫一下茶壶

泡出美味红茶的诀窍之一就是维持温度。因此，在放入茶叶之前，一定要在茶壶中倒入热水，烫一下茶壶。这里在茶壶中倒入（人数 ×180）毫升的热水，提前确认从水壶中倒热水进茶壶这一系列动作的顺序。

3. 正确量取茶叶的量

在茶壶中放入（人数 ×3）克的茶叶。茶叶的量，以一个茶杯（180 毫升）3 克茶叶为基准。虽说都是 3 克，但茶叶较为细碎时，是平平的一匙，茶叶的叶片较大时，是堆得高高的一匙，有细微的差别。所以要正确地测量出 3 克，而不要只用眼睛看。

4. 使用含氧量高的热水

　　这一点最为重要。为了使水中含氧量高，在向水壶中装水时，要把水龙头开到最大。加热时不要盖盖子，煮至完全沸腾。水到达沸点30秒后关火，立刻将水倒入茶壶。倒水时要从尽量高的地方，瞄准茶壶中央倒。如果倒水时茶叶因对流上下浮动，就算成功。茶叶上下浮动就是茶水好喝的标志。

5. 慢慢地闷茶叶

　　在茶壶下面铺一块茶垫，盖上茶壶保温罩。大家常常会忘记放茶垫，其实就保温而言，茶垫比茶壶保温罩更重要。这样充分闷3分钟。当茶叶较大时，要再多闷1～2分钟，直至茶叶完全舒展开。

⚜ 不要忘记黄金水滴！

　　将红茶倒入茶杯时，如果使用茶漏过滤，一定要滴尽最后一滴。这一滴是凝聚了红茶美味精华的黄金水滴，能够提升红茶的味道。

珍藏的待客食物！
应季水果茶

✤

制作水果茶时应大量使用当季的水果。
新鲜的水果茶可以说是最高级的待客食物。
它的制作方法非常简单。

——————◆●◆●◆——————

制作方法

1. 烫一下茶壶，在里面放入适量个人喜
欢的水果。

2. 用另一个茶壶，按照黄金法则泡一壶
红茶。

♥ 为了突显水果的香味，最好使用斯里兰卡红茶
或尼尔吉里茶这种味道不强烈的茶叶。

3. 在放有水果的茶壶中，倒入泡好的红
茶，放置 3 分钟，待水果清香散发出来后，
倒入茶杯。

♥ 推荐大家在茶中放入蜂蜜或上等白砂糖这种
比较温和的调味料增加甜味。也可在水果茶中
放入用糖浆腌渍的巨峰葡萄。

女主人需亲自倒茶

在下午茶诞生的维多利亚时代，茶叶都是锁在箱子里，
放在卧室保存，说明自家红茶非常昂贵。
因此，在下午茶时，女主人会亲自泡茶、倒茶。
能够优雅地将美味红茶倒入茶杯，也是一种贵妇的身份证明。

1. 将茶杯连同茶托一起端到齐胸高，从茶壶中倒红茶。

2. 用左手将茶杯递给自己右手边的客人。

3. 用右手将茶杯递给自己左手边的客人。

▶ **沙发座椅的礼仪**

如果是矮桌和沙发，喝茶时要连同茶托一起端起。喝茶时脊背挺直，将茶杯端至齐胸高。只端茶杯是不优雅的。

如何优雅地喝茶

用手捏着杯把喝茶，手指不要插到杯把里面。当然，这是正式茶会时的礼仪。如很难捏住把手导致茶杯快要掉落、茶杯很重导致红茶快要洒出来之类的情况发生时，不要逞强，可以把手指伸到把手里端稳茶杯。但是，如果参加女王的茶会，无论是什么样子的把手，喝茶时都要优雅地捏住。顺便一提，不用的茶匙要横放在茶杯对面。

高脚茶桌的礼仪

如果是高脚桌和高脚椅，则喝茶时只端茶杯，不要碰触茶托。

世纪大争论！牛奶先放还是后放？

红茶专家和红茶爱好者之间，就先放牛奶还是后放牛奶这一问题，激烈争论了一百多年。其实，在 2003 年时，英国皇家学会从科学的角度验证了牛奶蛋白的变质，宣布结果称先放牛奶时红茶更好喝。

但是在这里要多说一句，在正式的下午茶茶会上，这种喝法是不正确的。

因为喝红茶时，原本就应该享受它的香味。如果先加入牛奶，整个茶就都变成了牛奶的味道。特别是下午茶时所喝的红茶，主要是大吉岭或者祁门红茶等味道细腻的红茶，适合直接饮用。即使是在日本，每天喝的煎茶和茶道时喝的茶也是不一样的，这和英国下午茶的定位一样。如果要喝奶茶，也应该是后加牛奶。

但这也毕竟只是正式下午茶的要求。吃早点或者参加非正式的茶会时，是可以享用加入很多牛奶的英式红茶的。

错误端茶杯方法大集合

1. 绝对不能将托盘拉向自己，发出咯吱咯吱的响声。

2. 不可以像在茶道时欣赏茶碗的外观一样去观察茶杯的背面。

3. 一边鞠躬，一边双手托茶盘递给客人或双手接主人递来的茶，这是在日本的做法。在喝英式下午茶时不可以这样做。

4. 不可以把手指伸进把手内握紧茶杯。

5. 不可以像喝热水一样用手托着茶杯下面。

Tea

1. **利福乐（LEAFULL）**

   大吉岭红茶专营店。藤枝理子最喜欢的红茶品牌。茶店的女社长山田夫人会直接从茶园大批购买茶叶，茶叶质量极高。这款红茶适合直接饮用，回味无穷。

2. **茶之宫殿（Tea Palace）**

   2005 年刚刚成立的英国红茶专营店。现在是英国最有人气的红茶品牌之一。茶叶来自同一家茶园，加入天然鲜花和水果，极具原创性，深受顾客追捧。

3. **萨瓦茶（SAVOY TEA）**

   英国老牌酒店萨瓦的自制红茶。目前，在日本还没有可以定期买到这款茶叶的店铺。

4. **布瓦西耶（BOISSIER）**

   老店巧克力大亨出售的红茶。

5. **库斯米茶（KUSMI TEA）**

   该品牌 1867 年创立于俄国，俄国革命后迁至法国，是很多人喜爱的老字号品牌。

6. **拉杜蕾（LADUREE）**

   该品牌的红茶外观非常可爱。藤枝理子最近非常喜欢该品牌蓝罐包装的尤珍妮茶。

▲ 用银器布置茶桌，是极尽奢华的顶级待客礼仪。在下午茶诞生的维多利亚时代，贵族们竞相请银匠打制原创的茶具组。据说银茶具会令红茶的味道更加温和。

▲ 藤枝理子将《绿山墙的安妮（手绘本）》作为自己开茶会的范本。这是一本食谱＆缝纫书，书中记载了小说《绿山墙的安妮》中出现的点心、菜肴的制作方法，以及作者通过阅读小说想象出的点心、菜肴、手工艺品的制作方法。照片右边的大图画书是藤枝理子老师的。左侧的盒子是笔者自己的。笔者就安妮和梦想这一话题，与藤枝老师聊了许久。

1 这是藤枝理子收集的古典风格的茶巾。有些茶巾用纤细的蕾丝编织而成，有的是手工刺绣，非常美丽。

2 藤枝理子收集的古典小桌布。小桌布可以铺在盛放蛋糕或司康的盘子上，或者铺在茶具上。桌布不是用纸做的，而是用有"线中宝石"之称的蕾丝制成的，茶会时铺着这种小桌布，显示了上层社会顶级的高雅，也可以说这是最奢侈的礼仪。

Part 3
最佳下午茶餐厅指南

19 世纪时，英国贝德芙公爵夫人安娜发明了下午茶。

这一优雅的习惯跨越时间和空间，直至今日仍然令我们沉迷。

这一章，本书将为读者介绍一些深受爱茶人士喜爱的茶餐厅，

推荐者来自日本及世界其他国家。

· 菜单上的细节（甚至包括德文郡奶油的品牌）和配方

· 红茶是否可以续杯

· 续杯时能否更换其他茶叶

· 所选茶叶的品牌和种类

· 从茶具的品牌到茶餐厅的氛围

我们针对粉丝们注重的各种细节进行了采访，

希望可以为各位读者提供一些有用的信息。

在英式庭院洋房中享用传统下午茶

茶壶中的红茶可以倒满两杯半。茶叶的质量非常棒，食材也很考究。
例如使用的鸡蛋是平养的鸡所下的蛋，非常美味，
面粉则是用日本三重县产的优质小麦制作的。

圣克里斯托弗花园

走进大门，映入眼帘的就是盛放的应季鲜花和青翠欲滴的绿叶。在花丛掩映中，一栋白色的小洋楼静静地伫立在那里。这里就是深受日本下午茶爱好者喜爱的下午茶沙龙——圣克里斯托弗花园。

圣克里斯托弗花园创办于 14 年前，是当时为数不多的可以享用下午茶的沙龙。它至今仍拥有众多粉丝，原因就是这里选用真正新鲜、健康的食材。

圣克里斯托弗花园只选用当年新鲜的茶叶，剩下的茶叶绝不会留到第二年继续使用。茶点选取无添加的有机食材制作而成，不只关注食物的味道，也重视顾客的健康。

我们常常见到一些只追求外观华丽或只追求独特风格的菜单。但是圣克里斯托弗花园的下午茶中,饱含着真正的待客之情。

Menu

"超值下午茶套餐"（1 人份，需要预约）

上层：石榴慕斯果冻杯／马斯卡普尼干酪苹果蛋糕／南瓜蒙布朗／栗子夏威夷果杯子蛋糕。

中层：自制司康／鲑鱼菠菜迷你英式派。

下层：特制混合三明治（苏格兰熏鲑鱼／英国产塞达奶酪／平地饲养受精鸡蛋／黄瓜）／红茶（茶壶装）是从菜单上自选的。可以续壶一次。

* 不使用化学调料、人工甜味剂或人工香料、包含抗生素或反式脂肪酸的食材。另外，愉悦下午茶套餐可以不用提前预约，但预约会更有保障。菜单每两个月一换。照片中是 2 人份。

◀ 店内到处装饰着店主收集的银质茶具、茶壶、盘碟，像一个小型美术馆。店内的家具、照明，甚至亚麻桌布，都是英国进口的产品。

　　在众多种类的玫瑰酱中，福田老师最喜欢的就是这一种——意大利老店皮埃特罗洛曼尼戈芙斯蒂法诺（Pietro Romanengo Fu Stefano）生产的"玫瑰酱"。该品牌所用玫瑰栽培于修道院，不使用任何农药，由修女们亲手摘取。玫瑰酱由花瓣与砂糖、葡萄糖、柠檬汁一同熬制而成。不使用任何保鲜剂和胶凝剂。非常适合搭配这款司康食用。

▲ 圣克里斯托弗花园的自制酥皮点心人气极高。制作时大量使用当季的水果，点心品种丰富。喜爱蛋糕的人一定会喜欢这些水果点心。

▲ 司康中使用的泡打粉是不含铝的。为了营造出既不过分坚硬，也不过分柔软的口感，他们坚持纯手工制作，不使用机器。

▲ 三明治中的熏鲑鱼，是采用产自苏格兰的无添加鲑鱼。蛋黄酱也是自制的。

▲ 所用的德文郡奶酪是"上诺顿"公司的产品。笔者非常高兴可以吃到英国康沃尔郡产的德文郡奶油。

Tea

　　花园所用的茶叶是自家品牌圣克里斯托弗花园。超值下午茶套餐中的红茶，可以续壶一次。人气风味茶——伯爵格雷红茶中含有天然香柠檬油，气味清香。无咖啡因伯爵格雷红茶去除了茶叶中的咖啡因。也有些人对此非常介意，认为这样做就不是正宗的伯爵格雷红茶。

　　牛奶经过高温杀菌之后加入红茶，可以隐隐闻到钙的焦味。因此，和红茶搭配的牛奶，要选用 63 ~ 65℃低温杀菌的鲜牛奶。

以茶为主角的下午茶

这家茶餐厅的茶壶中不放茶叶，因此可以一直品尝到最佳浓度的茶水。
店里使用的是健康茶叶集团的原创不锈钢带盖茶壶，很多人都喜欢这款茶壶，
即使经过一段时间，茶水也不会变凉。一茶壶茶水可以倒满三杯半。

健康茶叶集团　自由之丘

茶叶专营品牌店健康茶叶集团最初成立于新加坡，属于高端品牌。新加坡航空头等舱和一流酒店都使用这个品牌的茶叶。茶叶质量上乘，品牌形象好，经营茶叶品种丰富，达800种以上。因此，自2007年创办以来，它瞬间就抓住了日本茶叶爱好者的心。

自由之丘下午茶沙龙提供的下午茶，在粉丝之间拥有极高的人气，不仅味道佳，而且分量足。但最值得称道的，是店里的茶都是用独创的手艺冲泡，味道极佳，店内的茶单也实属精品，共有260种茶叶可供客人选择。

没错，这里就是想要邂逅未知茶叶的爱茶人会经常光顾的下午茶沙龙。

Menu

下午茶菜单有"雅致"（1人份／不可预约）和"庆典"两种。上页照片中的是"庆典"。

上层：马卡龙（三种可选。马卡龙中含有用茶叶制作的甘那许。）
中层：两种酥皮茶点或一种法式蛋糕。酥皮茶点中的司康附赠茶叶风味果冻和发泡奶油。
下层：鹅肝酱三明治或摩洛哥薄荷茶风味奶油芝士蔬菜三明治。

包含一壶茶水。"雅致"菜单中不包含马卡龙。菜单内容每3个月一换。照片中为1人份。

Tea

    茶单上并没有关于各种茶叶的详细说明，都是由工作人员认真地进行口头讲解。这种对答方式对于茶叶爱好者来说也很有魅力。此外，健康茶叶集团是茶叶专营店而非红茶专营店，也出售中国茶、绿茶、青茶，以及日本、韩国、泰国、越南等国家的茶叶。林经理推荐的大吉岭春摘茶"Okayti"，实乃绝品。

1. 下午茶菜单中的酥皮茶点之一——松饼。分量很足，接近杯子蛋糕，口感扎实，偏甜。特征就是味道华丽。

2. 下午茶菜单上的蛋糕可以从展示柜中选择一种，蛋糕分量很足，有很多女性客人会两个人点不同的蛋糕分着吃。

3. 自由之丘的健康茶叶集团店不只有下午茶沙龙，还设有贩售茶叶的专柜。五颜六色的美丽茶叶罐（上面照片），很多人买来作为送人的礼物。可以在这里购买茶单中喜欢的茶叶（下面照片），以 50 克为单位。

如何泡出一杯
健康茶叶集团风味的红茶

　　用特别定制的软管冲洗整个茶壶、棉质过滤网和茶杯，冲洗的水为即将沸腾的热水，水的酸碱度值调整到最适合茶叶的值。

　　充分加热过滤网，在过滤网中加入茶叶和热水（5克茶叶加400毫升热水，其他细节为商业机密），再次用热水冲茶壶周围。将茶水倒入茶杯。

　　将茶杯中的水倒回茶壶。此动作重复2～3次。令空气进入茶水中使其入味，这和葡萄酒中含有空气后口感更柔和是同样的道理。

　　拿出过滤网，直至过滤网中最后一滴黄金水滴也滴到茶壶中，好喝的红茶就泡好了。

▼ 为了不影响茶叶的口感，健康茶叶集团茶包的包装都是由手工缝制的。材料是100%棉。

值得秘密珍藏的茶餐厅

温暖的室内装饰和恰到好处的用餐人数令人心情愉悦，
用餐时感觉和自家客厅一样轻松舒适。
很多顾客会一个人在这里一边悠闲看书，一边享用下午茶。

东京艾格尼丝酒店公寓茶室

我们时常会说"避世隐居之所"，但没有哪一个地方能像"东京艾格尼丝酒店"一样如此贴近这个词的含义。穿过神乐坂富有情调的老街，当你感觉不到周围的喧嚣、只剩一片宁静时，就会看到这家很有家庭氛围的酒店。

酒店一楼的茶室提供下午茶。沙发宽大、舒适、豪华。入座后，工作人员会前来布置好令下午茶爱好者心跳不止的纯银刀叉、糖罐，以及理查德·基诺里的茶具。

酒店的红茶选用适宜日本水质的混合型茶叶——美扬。这一罕见的选择也吸引了不少红茶爱好者前来。

上层盘子里的食物每日一换。司康口感较为干硬，有点像热松饼。三明治中的火腿有厚厚的 2 ~ 3 片，分量很足。

　　刀叉、茶漏、茶壶、糖罐都是纯银的。工作人员每天擦拭，以防银具变暗。很多下午茶爱好者都是因为可以用银茶具而来到这里。

▲ 东京艾格尼丝酒店和的红茶，是将蔷巴娜茶园等地的茶叶混在一起制成的美扬。蔷巴娜茶园是受到英国王室认证的传统茶园。有人评论说，这款茶叶的特征就是喝起来感觉茶叶非常认真、干净，很像好学生。

Tea

除传统商品大吉岭、英式下午茶、马斯喀特、太妃糖口味之外，皇家奶茶、印度香料奶茶等口味的奶茶也很有人气。店内一共有 9 种口味的红茶，4 种口味的奶茶可供选择。但是奶茶要多加约合 10.6 元人民币。

如何沏一壶皇家奶茶

1. 为了使茶叶在较短的时间内充分泡出味道，需要使用一些加工成颗粒状的阿萨姆 CTC 红茶。在小锅中倒入 2 茶杯无任何成分添加的牛奶，加热。

2. 加热牛奶的同时，在茶杯中放入 4 茶匙茶叶，倒热水，闷一会儿待茶叶舒展。

3. 牛奶煮沸冒泡时关火，将步骤 2 中的茶水连同茶叶一起倒入锅中，闷 3 分钟（如果将没有舒展的茶叶加入牛奶中，茶叶表面会被牛奶包裹，无法舒展开）。

4. 透过茶漏将奶茶倒入茶壶中。可以倒满 2 茶杯。

法国主厨制作的美味茶点

值得高兴的是，可以花约合15.9元人民币（每个）
加点这里颇具人气的司康。

东京皇宫饭店 六层普莱坞休闲吧

在普莱坞，红茶可以变换种类尽情畅饮，茶叶都是罗纳菲特亚纳特等极具个性的品牌，工作人员会提供温柔细致的服务——"您有任何需要我都将为您服务"，这些都使得它在下午茶行家中拥有极高的评价。

在众多评论中，有一条就是食物美味。这也是理所当然，因为普莱坞的食物是从隔壁的法式餐厅皇冠运送来的。美味的秘诀就是对寻常的配方进行一些特殊处理。例如，制作司康时不使用泡打粉，而是相应地将打发奶油的时间延长一倍。

依照米其林三星老店金字塔的配方制作的马郁兰蛋糕也是不容错过的美味。有许多顾客专门为它而来。

Menu

"普莱坞下午茶"（1人份／只在工作日可预约）。

上层：从左至右依次是鸭肉派／法式炖菜、鲜虾、煎扇贝配意式烤面包／火腿橄榄法式咸面包／塞纳河风味油炸花椰菜。

中层：从左至右依次是马郁兰蛋糕／法式水果软糖百香果和大茴香／巧克力／泡芙／应季水果。

餐盘：花椰菜菠菜汤／原味司康／草莓果酱、德文郡奶油、蜂蜜。红茶（可续壶）。

还有其他套餐：普莱坞花式小蛋糕套餐、普莱坞巧克力套餐。菜单内容随季节更替有所调整。照片中为1人份。

◀ 一眼望去，满目皆是浓郁的绿色和湛蓝的天空，令人无法置信自己是身处都市之中，这美景使人心情舒畅，充满魅力。

　　单这一瓶草莓酱也会根据季节更替而变换配方，有时将日本草莓和法国草莓混在一起制作，有时只使用日本草莓制作。制作司康时，哪怕只做错一步，司康就不能发起来。制作茶点必须有较高的技术，所以在这里工作的都是熟练工。

则武瓷器的茶壶和茶杯。这是为普莱坞专门定制的，为了搭配桌子的花纹。想要购买这套茶具的顾客可以咨询店内工作人员。

Tea

红茶共有 16 种供选择，可以无限续杯。每次续杯都可以改换茶叶种类。主要的红茶品牌有五星级、七星级酒店采用的德国老店罗纳菲特，坚持选择少用农药、不使用人工香料的法国品牌亚纳特等。可以享用传统商品混合茶，也可以享用花草茶和风味茶。

装在珍宝匣中的下午茶

放在小焙盘里的竟然是油炸豆腐寿司。
很多人会误以为它是小蛋糕。食盒中也有西餐主厨制作的食物。

东京皇宫饭店 一层皇宫休闲吧

最令人吃惊的是这里使用的餐具。茶点不是盛在三层蛋糕托盘上，而是放在食盒里再端到顾客桌前。这样的设置不禁令人想要一探究竟——"食盒里装着什么？"顾客像寻宝一样一个一个拿出茶点来吃，怎么吃食盒也不会空。这里茶点的量应该是普通下午茶的 1.5 倍到 2 倍。另外，食物的种类也很有个性，不逊于餐具。

主厨冈村英司："无论是从分量、种类还是味道来说，我们都要做出不输于任何下午茶餐厅的食物，整个餐厅员工都干劲十足。"

笔者提问："这样很费功夫吧？"

主厨回答："我们很快乐，而且一想到顾客一脸不可思议的表情，就会更有干劲。"

这就是皇宫休闲吧的下午茶，装在仿佛珍宝匣一样的盒子中，里面饱含着餐厅工作人员希望顾客快乐的殷殷情谊。

Menu

"下午茶套餐"（1 人份 / 只在工作日接受预约）。

第一层：红茶司康 / 德文郡奶油、芒果果酱、槐花蜜 / 当天的丹麦酥。
第二层：酸奶慕斯和应季水果 / 蒙布朗 / 太妃糖橙子马卡龙 / 红豆抹茶蛋糕 / 巧克力 / 日式点心。
第三层：核桃面包、鲑鱼、酸奶油三明治 / 芝士南瓜乳蛋饼 / 油炸灰树花 / 加州梅生火腿串、卡芒贝尔奶酪生火腿串、油炸豆腐寿司。

照片中套餐为 1 人份。菜单内容随季节更替有所调整。

笔者正想着茶要喝完了，不知从哪里走出来的穿着和服的女士就会前来添茶。有种在梦中享受在皇宫被招待的感觉。

▶ 茶壶和茶杯是则武瓷器的骨瓷。

▶ 笔者吃日式点心时想着能配
一杯抹茶就好了。一看茶单，
正好有柚子抹茶。

Tea

　　红茶共有21种可供选择，
可以无限续杯。每次续杯都可以
改换茶叶种类。红茶品牌有罗纳
菲特、亚纳特等。可以享用传
统商品混合茶，也可以享用花草
茶和风味茶。除传统口味红茶、
花草茶之外，还有煎茶、抹茶和
中国茶。

世上独一无二的原创红茶

茶桌布置精美，令人会不由自主地发出感叹。

店内宣传负责人："下午茶不是简单地提供吃的东西而已，而是提供一份菜单，
让顾客可以在奢华的时间和空间里享受生活。"

东京丽思卡尔顿酒店 45 层大厅休闲吧

在这里，顾客可以亲眼见证工作人员调制出只为自己而做的原创混合茶，应该没有什么比这更加奢侈了。这就是东京丽思卡尔顿酒店提供的最高级的下午茶——"艺术家下午茶"。

如果您担心自己能否顺利地点出自己想要的红茶口味，敬请放心，大厅休闲吧中有着懂得世界各地茶叶专业知识的工作人员。您可以闻一闻茶叶的香气，听一听工作人员的介绍，愉快地和工作人员谈论自己的喜好，不知不觉中他们就可以超乎想象地完成属于您自己的原创红茶。调制好的红茶装在精美的黑色罐子中，当场包装好。一罐茶叶有 30 克，可以分出一部分留作送人的礼物，剩下的当场享用。这里的下午茶，可以说是专为成人设计的，形式新颖、极具娱乐性。

◀ 室内装饰均为柔和的黄色，天花板很高，透过大大的玻璃窗可以看到广阔的天空。在这样的空间中，心情也会变得开朗、放松。

　　盛有精致菜肴吐司的餐盘美得像艺术品一样，令人舍不得吃掉。店内使用大量当季的美味食材制作酥皮茶点，从中可以感受到当下季节的美味。

　　店里的司康有两种，分别是略带柠檬香气的普通司康和葡萄干司康。葡萄干选用无核小葡萄干，这一点也算是一种小奢侈。

Tea

　　您可以和调茶师一起从 20 种茶叶、香料中选择材料，制作 30 克原创红茶（可冲泡 10 杯茶水）。有大吉岭、乌沃等风味茶，也有菊花茶等花草茶。所用红茶是日本自有品牌"绿碧茶园（Lupicia）"，该品牌不只在日本国内销售，也逐渐在世界各地设立专卖店。

使用的茶具是韦奇伍德品牌的"印度"系列。这套茶具非常罕见,有些顾客
看到它会高兴地发出赞叹。为了防止茶水变凉,茶壶会一直放在保温垫上。

如何点一份原创红茶

1. 在特殊的点餐车中装有 20 种茶叶。顾客可以和工作人员交谈，从中选择 3 种。

2. 在笔者面前，小川女士一边对茶叶进行说明，一边用秤称量茶叶分量。笔者感觉像看魔术表演一样，非常兴奋。将语言变为红茶，简直就像是在创作诗歌。

3. "我喜欢直接喝有些发涩的茶叶。啊，再加一点玫瑰，表达对下午茶发源地英国的敬意。"在这样的交谈中，诞生出了原创混合茶的配方——中国祁门红茶 20 克、印度大吉岭 10 克、少量玫瑰花瓣。

4. 将茶叶装在黑罐中，用封条封好，原创茶就制作完成了。茶叶的名字自然就是我最爱的下午茶。

5. 第一道茶时，浓郁的玫瑰香气扩散开来，第二道茶时，祁门红茶的香气一下子显现出来。茶水变凉之后，又带有微微的甘甜，味道变得非常柔和，笔者还想试试将它做成冰红茶。

科洛尼亚风茶餐厅

很多人评价这里的烤牛肉三明治非常美味。美味的秘诀就是将烤牛肉的酱汁、
蛋黄酱、发泡奶油、山葵混合在一起，做成特制酱料，涂在三明治中。
此外，为了使维多利亚三明治蛋糕表现出华丽感，厨师还在里面加入了草莓酱和少量的发泡奶油。

哈罗德种植园茶室

哈罗德种植园茶室位于银座三越，是红茶老店哈罗德旗下的人气茶室。

室内装饰想要营造出农场主宅邸的感觉，走豪华的科洛尼亚风格路线。菜单中的食物都是很正统的下午茶茶点，例如维多利亚三明治蛋糕、黄瓜三明治等。

此外，店内还可以用热水壶续添热水，这一点也得到下午茶爱好者的一致好评。

用装有热水的银质热水壶向茶杯中倒热水，可以自己调整茶水的浓淡。很多人提到：有了这个热水壶，就会有一种茶会的感觉，非常有趣。

Menu

"下午茶套餐"（2 人份 / 不接受预约）。点单时以 2 人份为单位。

上层：维多利亚三明治蛋糕 / 洋梨蛋奶羹挞 / 栗子奶油泡芙 / 巧克力坚果蛋糕 / 奶油芝士酸果蔓果冻焙盘 / 蛋白酥皮点心。
中层：原味司康 / 草莓果酱 / 德文郡奶油（中泽牌）。
下层：夹有熏鲑鱼、芥末黄油、烤牛肉、生菜、奶油芝士、香料、黄瓜的三明治。
包括两壶红茶。

套餐中有很多种制作起来非常花时间的酥皮点心，因此在下午茶爱好者中人气很高。菜单内容随季节更替有所调整。

◀ 英国伯利公司人气系列
产品亚洲野雉。伯利公
司与哈罗德联手设计了
绿色花纹系列。

◀ 科洛尼亚风格的豪华内
饰。一进入店内，一个
崭新的世界就此展开，
会使人立即忘记自己身
处商场之中。

Tea

红茶有 2 壶。可以添热水。四种红茶可供选择：哈罗德混合红茶 NO.49（大吉岭夏摘茶为主，混有阿萨姆红茶和尼尔吉里茶）、英国哈罗德中的格鲁吉亚。餐厅也有出售的格鲁吉亚混合茶 NO.18（阿萨姆红茶、大吉岭、斯里兰卡红茶混合而成）、大吉岭、阿萨姆。

▲ 很多下午茶爱好者提到：这里的茶漏、茶壶等茶具也 ▲ 司康可以外带。4 个装约合 50 元人民币。
　非常可爱，我很喜欢。

配合顾客来店时间制作茶点

刚刚烤好的司康是最奢侈的美食。

在英国，为了防止三明治变干，会在三明治上放很多水芹。

今天为了在拍摄时突显出三明治，水芹的量有所减少。

格雷斯休闲下午茶沙龙

英式红茶沙龙女负责人松本优子："我们不喜欢将食物提前制作出来，也不想将面包、黄瓜提前切好。我们会配合顾客的来店时间，开始和面制作司康、收拾准备三明治会用到的蔬菜。"

笔者说道："这真算是最高的待客之道了。"松本女士笑着回答："你能体会到我们的用心呢。虽然这是因为我们店小才能办得到。"

松本女士已经开了六年的下午茶沙龙，在此之前一直是一名药剂师，对于入口的东西非常讲究。

这里的茶点全部是手工制作，不含任何添加剂。此外，风味茶中也不含人工香料，只选用自然界的材料添加香气。

Menu

"下午茶套餐"〔1人份／尽量提前一天预约。如果有空位，也可当日预约〕。

上层：苹果红酒糖水／芝士蛋糕／巧克力蛋糕／无花果芝士蛋糕淋蓝莓酱／自制朗姆酒渍果脯和核桃仁蛋糕／应季水果。
中层：自制原味司康〔无鸡蛋〕和果酱＆德文郡奶油〔中泽牌〕。
下层：黄瓜火腿三明治·芥末蛋黄酱。
1壶红茶〔约2杯〕。从茶单中选择。可以添热水。

照片中的餐点为2人份。

图片上是店内的部分茶具。松本女士会根据客人电话预约时的声音，想象其本人的模样，并为他选择适合的茶杯，然后精心制作甜点和三明治。那是她感到最幸福的时刻。松本女士还是日本红茶协会的红茶讲师。

▶ 照片中是英国陶瓷生产
商明顿生产的茶具，老
物件。笔者非常喜欢这
些浪漫的玫瑰花纹饰。

Tea

　　店内的红茶是国产品牌——保密。下午茶套餐中的红茶可选择斯里兰卡红茶、
肯尼亚茶、中国茶、印度茶以及风味茶。多付一些费用，还可以喝到大吉岭春摘茶、
乌沃茶、特制伯爵格雷红茶、季节限定红茶。

下午茶爱好者的梦想 — 在会客厅举办茶会

无论是原味司康的配方，还是长乐馆20年前刚开始经营下午茶业务时的配方，
应季司康不是用果酱来体现季节感，而是直接使用当季的新鲜蔬果。
每一种口感都不同，对于司康爱好者来说真是件乐事。

长乐馆咖啡厅

明治四十二年（1909 年），实业家村井吉兵卫建造了一栋迎宾馆。现在，这栋颇有渊源的洋楼被改建成豪华饭店（附带住宿设施的西餐厅），它就是深受大家喜爱的京都长乐馆。这里的下午茶人气很高，出了名的难预约。

因为是豪华饭店，这里的茶点非常讲究。红茶主要是曼斯纳公司的风味茶，不添加任何人工香料。有很多深受女性喜爱的红茶种类，如玫瑰水蜜桃等。

此外，下午茶专用房间迎宾间，据说是以前贵妇们的会客厅。

没错，在长乐馆，顾客可以体验到下午茶爱好者非常向往的会客厅英式下午茶茶会。

Menu

"下午茶套餐／附带餐前酒"（1 人份／必须预约。如果有空位也可当天进店用餐）。餐前酒是发泡酒、比利时产白葡萄酒风发泡果汁蒙太因公爵、新鲜果汁三选一。

上层：红薯奶油马卡龙／苹果黑酸栗生奶酪蛋糕／红茶鲜奶冻橙子沙司／无花果挞／自制酒渍水果蛋糕／应季水果。
中层：原味司康 & 应季司康和德文郡奶油（中泽牌）、枫糖浆。
下层：黄瓜 & 火腿三明治／蘑菇奶酪烤菜／自制法式乳蛋饼／生火腿西红柿开式三明治。
此外，还赠送一小碟甜点。红茶（可续壶／可变更茶叶种类）。无餐前酒套餐。

照片中套餐为2人份。菜单内容会根据季节有所调整。

1. 店内的酥皮茶点都是自制的。笔者很喜欢下午茶时吃的马卡龙，口感比较松脆、清爽，这样可以多吃一些其他的甜点。水果挞中使用的黄油是明治的发酵黄油（随季节更替有所调整），提升了水果挞的味道。水果蛋糕中的水果是店家自己用洋酒腌渍制成的。
2. 蘑菇奶酪烤菜中的贝夏美沙司，是用黄油和面粉精心熬煮约 1 个小时制作而成，特别细腻，味道温和。

▲ 刀叉架上的四叶草花纹非常可爱。　　　　　▲ 美丽的茶壶来自于匈牙利老店赫伦。

Tea

　　一次上一壶茶，可以续壶。续壶时可以改变茶叶种类。5 人以上的团体顾客，由工作人员负责更换茶叶种类。风味茶选用的是曼斯纳，香气来自于天然果汁。有玫瑰水蜜桃（玫瑰／桃／杏）等 10 种口味。大吉岭、阿萨姆红茶选用的是立顿茶叶（有时会有变化）。也可以选择店家自己煎焙的长乐馆独创咖啡。

英国郊外茶室风格茶餐厅

甜点的配方，
是店主夫妇到英国各个茶室品尝后研究出来的。

英式茶室 黛西小姐

某天，一位无意中走进店里用餐的英国人留下了这样一句话："这里的甜点太棒了！我回国之后，一定会在报纸上写出关于这家店的故事。"说完后他就离开了。

不久之后，店里又来了一位年轻的英国人。他吃过老板娘手工做的苏格兰黄油酥饼和司康后，激动地说："这就是我从小吃到大的味道。没想到居然在日本也可以吃到！"之后他又说了一句话，令人大为吃惊。

"我的母亲告诉我，她在英国独立报上看到一篇文章，介绍了日本一家很棒的茶室，就在我所在的城市。"

没错，那位英国人真的是一名记者，他遵守约定写了文章。

如果您想要品尝英国质朴的点心，欢迎来京都的黛西小姐！

Menu

"下午茶套餐"（1 人份／接受预约）。

上层：蓝莓司康 & 原味司康／蓝莓果酱 & 醇厚鲜奶油。
中层：扎实的巧克力蛋糕／榛子果脯蛋糕／燕麦酥／甜酥饼／全麦杏仁饼干／巧克力。
下层：黄瓜三明治／浆果糖水。
附带一壶红茶或咖啡。

照片中套餐是 2 人份。菜单内容每天都会有所调整。

◀ 红茶和甜点的菜单是女主人亲手制作的，非常可爱。

◀ 卡斯尔顿茶园大吉岭春摘茶 2013，有绿油油的青草味。

Tea

红茶只需约 31.8 元人民币，阵容豪华：顶普拉红茶、努瓦拉埃利亚红茶、乌沃红茶、阿萨姆红茶、苹果茶、茉莉花茶等。笔者向大家推荐的是，店主和茶商商谈后选择的单一产地茶叶——斯邀客茶园大吉岭夏摘茶 2013、斯尔顿大吉岭春摘茶 2013、帕克赛德茶园尼尔吉里茶 2013。

▲ 茶壶保温罩，可以减缓茶水变凉速度。这也是女主人亲手制作的。每个约合132.5元人民币。

▲ 斯邀客茶园大吉岭夏摘茶 2013，畅快的涩感和凛然的香气是其魅力所在。

可以眺望绿色庭园的下午茶餐厅

茶杯 & 茶托是"理查德·基诺里",帝国绿系列。

千里阪急饭店　樱花茶吧

千里阪急饭店地处稍稍远离城市喧嚣的安静之地，是一所可爱的宅邸风格的酒店。酒店二层的樱花茶吧提供下午茶。

坐在沙发椅上舒适地享用下午茶，非常优雅，但笔者推荐的地方并不是这里，而是可以看到院子的花园休闲吧。在鸟鸣声中透过玻璃窗眺望院中景致，这简直就是最奢侈的享受。

之前下午茶两人份起点，现在应众多顾客要求，也可以点一人份。因此，很多女性到这里一边悠闲地读书、写信，一边享用一个人的下午茶。

店内每天只接受 10 名顾客，推荐提前预约。

◄ 司康不会太甜，比较柔软，附有英国王室御用品牌缇树的橘皮果酱和其他果酱。很多人将它作为早午餐吃。

◄ 三明治是酒店自制的混合三明治，夹着满满的鸡蛋和火腿，也是很受欢迎的一道餐点。

Tea

红茶品牌为立顿。可选择：大吉岭 / 顶普拉 / 伯爵格雷红茶。可续壶一次。续壶时不能改变茶叶种类。

* 红茶品牌可能有所调整。

拥有各地回头客的下午茶餐厅

我们采访的当月，店内的主题是维也纳风。

餐盘中摆放着传统维也纳点心，但是稍稍降低了甜度，使其符合日本人的口味。

清爽有弹性的果冻、香甜绵软的奶油西点、口感酥脆焦香四溢的烘烤点心……

餐盘中摆放的糕点，不仅注意味道的搭配，还注重口感的节奏性。

大阪丽思卡尔顿酒店
一层 大厅休闲吧

尝遍世界各地下午茶美食的行家们，也对大阪丽思卡尔顿酒店的大厅休闲吧赞不绝口。

茶点的味道、种类、分量，摆盘的搭配、丰富的红茶品牌和茶叶种类、可以无限续杯、优美的器具和内部装潢、贴心的工作人员，以及高性价比等都得到顾客很高的评价。大阪丽思卡尔顿酒店的大厅休闲吧拥有众多热心粉丝：全日本的酒店下午茶中，我最喜欢这里。再加上，为配合每月一变的主题，店内菜色也会随之改变，而且每年夏天都会举行下午茶自助餐会，还有明星主厨评选活动，店家的策划能力极高。从中我们也就可以理解为什么店中会有六成顾客都是回头客了。

Menu

"经典下午茶套餐"（1人份／工作日限定餐品／接受预约）。

上层：萨尔茨堡蛋糕／奥地利榛果蛋糕／抠机卿蛋糕／红酒果冻／蓝莓马卡龙。
中层：葡萄干口味＆原味司康／德文郡奶油（中泽牌）＆草莓果酱。
下层：烤火腿塞达芝士三明治／熏鲑鱼黄瓜三明治／烤牛肉开放式三明治／蘑菇法式蛋饼。
可选红茶或咖啡。可续杯。不可更改茶叶种类。

照片中套餐是2人份。还有晚茶套餐和皇家下午茶套餐。菜单内容每月一换。

◀ 皇家下午茶套餐，可以选择含羞草茶、香槟、橙汁、葡萄汁中的一种。周末及节假日限定餐品。

1. 顶端站立的玩偶是我们熟知的丽思卡尔顿酒店商标上的狮子。这个蛋糕托盘是大阪休闲吧的原创商品，非常受欢迎。

2. 司康的味道自开业以来就没有变过。鲜奶油和水的量要略多于一般的配方，比普通的司康略厚。特点是口感清爽不油腻。所用的果酱是英国王室御用品牌缇树。所用的德文郡奶油是中泽德文郡奶油。

3. 晚茶套餐附赠主厨推荐的香槟杯装开胃菜。照片中的开胃菜是用红薯慕斯和马斯卡彭芝士制成的，顶部装饰有生火腿、炸红薯片、烤南瓜片、蒸板栗。小小的玻璃杯中，食物口感变化丰富，为了调制出最佳甜度，每种蔬菜的处理方法都不相同。周末及节假日限定餐品。菜单内容每月一换。

4. 法式乳蛋饼中含有非常多的蘑菇，请趁热赶快食用！为了方便顾客一口食用，开放式三明治上的烤牛肉已经在肉质柔嫩的地方用刀切分开。黄瓜熏鲑鱼三明治里涂有酸奶油，味道清爽。

▶ 茶具是韦奇伍德等品牌的产品。为了防止红茶变冷，茶壶下面配有保温垫。另外，顾客可以自行在茶水中加入糖棍，调节茶水甜度。

Tea

　　红茶种类有：维多利亚皇后茶、尼尔吉里茶等 5 种圣克里斯托弗花园品牌茶叶；丽思卡尔顿酒店大阪店自创混合茶等绿碧品牌茶叶；无咖啡因小薄荷茶等 4 种不含咖啡因的缘分品牌茶叶；以及泰勒茶品牌茶叶，包含单一产地茶叶 4 种、独创混合茶叶 3 种、精选茶叶 8 种、其他花草茶 8 种；特选中国茶 4 种。

　　咖啡有法压咖啡、冲泡咖啡、无咖啡因咖啡、牛奶咖啡等 10 种。

一杯冰红茶开启下午茶之旅

为了讨好大阪人的胃，店家不断精益求精，
据说和最开始时相比，食物分量增加了近两倍。

大阪威斯汀酒店
一层 休闲吧

大阪威斯汀酒店的下午茶，得到了爱茶人士的热情支持。

首先，顾客在这里喝到的第一杯茶是冰红茶，这是店里很受欢迎的一项策划活动。你可以品尝到红茶冰镇之后才有的香气和味道。对于只用茶壶喝热茶的人来说，可以发现茶叶崭新的一面，非常有趣。另外，店内红茶品牌有英国的精茶和法国的达蔓茶，这是紧紧抓住茶叶行家心的绝妙选项。

近来在店内最受欢迎的是中国茶。大阪威斯汀酒店引以为傲的高级茶艺师、侍茶师小田老师仅仅介绍说中国茶非常贵重、美味，结果就有很多人来选择中国茶作为第二杯茶，这令酒店方面都感到十分吃惊。

Menu

"下午茶套餐"〔1人份／接受预约〕。

上层：马卡龙／苹果酒甜果冻／紫薯蒙布朗／洋梨芝士蛋糕／焦糖杏仁饼干。
中层：无花果挞／细滑南瓜布蕾／抹茶巧克力磅蛋糕／原味司康＆栗子味司康，附赠德文郡奶油〔中泽牌〕和洋梨酱。
下层：菠菜面包鸡蛋三明治／南瓜面包火腿三明治／蔬菜三明治黑麦面包／土豆沙拉三明治。
第一杯茶为冰红茶／附赠第二杯茶〔可换咖啡〕。

照片中套餐为1人份。菜单内容会根据季节有所调整。

1. 三明治使用的南瓜面包，是用生南瓜和进口面粉烘烤而成的，味道很有深度。

2. 酥皮茶点是酒店的糕点师每天新鲜制作的。很多客人因为喜欢这盘点心而成为回头客。

3. 红酒杯可以品香气，因此很适合用来喝冰红茶。笔者想在家中也这样试一试。

　　小田老师严选的三种中国茶：东方美人、冻顶乌龙茶——蜜味煎焙、月光骑士。用中国茶制作冰红茶时，为了保证香气和甜味不消失，一定要用水沏泡。

Tea

　　第一杯茶可以品尝酒店自制的冰红茶。第二杯茶可以从茶单中选择自己喜欢的红茶种类。茶水有一壶。可以从英国精茶中选择大吉岭夏摘茶、香草红茶等5种茶叶，很多世界星级酒店都选用这个品牌的茶叶。也可以从达蔓茶中选择：马可波罗等2种、花草茶3种、亚洲茶3种。店内也提供咖啡。

茶会主角是世界最好吃的蜜饯

在这里，无论是司康、酥皮点心，还是三明治的面包，
都是按照总经理兼总厨师长山口浩主厨的菜谱制作的。
茶点种类丰富（8种酥皮点心，3种司康），颇具人气。

神户北野饭店伊戈莱克咖啡厅

神户北野饭店是一家高级饭店（附带住宿设施的西餐店），以拥有世界上最好吃的早餐而著称。早餐中评价最好的就是蜜饯。蜜饯是用新鲜的水果和砂糖慢慢熬制而成，既不是果酱也不是糖水，是最棒的水果甜品。

令人高兴的是，这款蜜饯也加入了下午茶菜单。口味每天更换，每天两种，期待今天能吃到什么口味的蜜饯也是一种乐趣。

红茶是利福乐的斯里兰卡红茶·顶普拉红茶。说起利福乐，哪怕是对茶叶有自己独到见解的内行人，也会输它一筹。利福乐社长亲自到茶园收购茶叶，只选择经得住玩味的优质品种。很多一流的法国餐厅都使用这一品牌的茶叶。

Menu

"下午茶套餐"（1 人份 / 请尽量预约）。

上层：巧克力蛋糕 / 芝士蛋糕 / 迷你巧克力泡芙 / 樱桃无花果挞 / 费南雪蛋糕 / 黑醋栗、杏子水果软糖 / 巧克力陈皮 / 糖霜杏仁。
中层：原味 & 红茶口味 & 枫糖浆口味司康 / 法国白火腿 & 鸡蛋西红柿 & 黄瓜三明治。
下层：2 种蜜饯 / 栗子蜂蜜 / 杏仁糊。
红茶 1 壶（可再续 1 壶）。

照片中套餐为 1 人份。菜单内容会根据季节有所调整。

1. 饭店对面的可爱门店是饭店旗下的小型专卖店——伊戈莱克普拉斯，在这里可以买到饭店内的司康、蜜饯、酥皮点心和店内日常用具等。
2. 酥饭店模仿英国的花园宅邸建造而成。大厅的家具基本都是古典样式。这个地方非常适合享用下午茶。伊戈莱克咖啡厅内铺着赤陶地砖，内部装潢风格为阳光浴室风。天气好时可以打开天花板。

蜜饯每日一换。当天的蜜饯是很受欢迎的蓝莓蜜饯和胡椒风味芒果橙子蜜饯，每一种都非常好吃。用文火慢慢熬制而成，保证不会破坏水果的味道，当作糖水食用也非常美味。

Tea

下午茶时提供的红茶品牌为利福乐，种类为斯里兰卡红茶·顶普拉。利福乐最初是专营大吉岭红茶的日本品牌，据说当地的茶叶专家都很关注利福乐选择的茶叶，因此非常值得信赖。店内也有斯里兰卡红茶、阿萨姆红茶、中国茶和花草茶。

可挑选房间和茶杯的趣味下午茶

店内的欢迎饮料为玫瑰苏打，以浪漫的味道赢得女性顾客的一致好评。
玫瑰糖浆和黑醋栗风味的无酒精红酒混合在一起，再加入苏打水，就做成了这杯玫瑰苏打。
红色的玻璃杯是拉古纳穆拉诺威尼斯玻璃，只有在穆拉诺岛才能购买到。
茶壶是唯宝品牌的海因里奇，可以算是唯宝的古董商品。

古董美术馆（咖啡厅）
欧式料理 江户亲传

在丹波篠山上，有一座令人感到些许不可思议的美术馆＆咖啡厅，名为"江户亲传"。这栋气派的房屋约有992平方米，江户时代篠山城的御医曾居住于此。在这里，顾客可以欣赏、触摸、使用欧洲和日本江户时代的古董器具，甚至还可以选择自己喜欢的房间来用餐。

在江户亲传可以享受到正宗的英式下午茶，令人不禁惊叹："它为什么会建在丹波篠山上？"店内茶点全部出自擅长料理的女主人之手。下午茶仿照传统英式风格，红茶可以续杯，酥皮茶点也可以续盘。

更令人开心的是，顾客可以从屋内的多宝架上选择自己喜欢的茶杯使用。选茶杯这一活动真的会使爱茶人开心不已，店家考虑得非常周到。据说在实际选择时，大家都非常兴奋。

Menu

下午茶套餐（1人份／包含美术馆门票，需提前一天预约）。玫瑰苏打水。

上层：原味司康／自制覆盆子果酱＆含鲜奶油和黄油的搅打黄油。
中层：蓝莓巧克力蛋糕／丹波黑豆抹茶蛋糕／大黄芝士蛋糕（撒有面包屑）。
下层：鲑鱼奶油芝士三明治＆黄瓜三明治／烤猪肉开放式三明治（附有奶油洋葱酱和苹果沙司）／红酒煮野猪肉开放式三明治／苹果（带皮煮）蛋挞。含红茶（可续壶）。

照片中套餐是2人份。菜单内容会根据季节有所调整。

◀ 一进大门，展现在眼前的就是日式建筑和美丽的庭院。你可能会稍稍有些担心：这里真的是下午茶茶室吗？

◀ 可以带宠物进入的开放式咖啡厅。
在这里也可以享用下午茶。

◀ 架子上摆放着店里收藏的各种品牌
茶杯 & 茶托：韦奇伍德、麦森、皇
家哥本哈根、莫里斯、安兹利、皇
家阿尔伯特、蒂凡尼、高田贤三、
明顿等，皆可选用。

还有很多
罕见的茶杯！

Tea

红茶是英国王室御用品牌希金
斯的公爵街，由阿萨姆红茶和斯里兰
卡红茶混合而成，也很适合做成奶茶。
此外，江户亲传中使用的水，全部是
花时间去除化学物质后的蒸馏水。

1. 纯正日式建筑搭配西洋古典家具的"明治间"。充满明治维新时期复古氛围的环境，会使人完全忘记日常生活。据说，很多下午茶爱好者都会选择这间房间。
2. 真实再现江户时代生活场景的"江户间"，仿佛就是古装剧的布景。屋中布置的自然都是真正的古董家具。

罗纳菲特红茶加入下午茶菜单

店内的红茶、甜点、气氛，每一项都堪称一流，
追求高级的名古屋女士们无不沉迷其中。

法式酒馆 & 咖啡厅

名古屋观光酒店是名古屋拥有最悠久历史和传统的酒店。这里的下午茶，拥有数种甜点和面包，而且配有欧洲一流酒店御用品牌罗纳菲特公司的红茶。下午茶菜单中加入罗纳菲特红茶，更体现出一种名流感。

顾客点单后不久，放有整套红茶工具的餐车就会推到餐桌边。受到罗纳菲特公司认证的侍茶师会在顾客面前沏茶。这是多么难得一见的场景！

顾客可以沏一壶茶香四溢的红茶，搭配黄油味道浓郁的好运烘饼或者羊角面包三明治，享受这优雅的下午茶时光。

每天限定 20 份下午茶套餐。

Menu

"下午茶套餐"〔1 人份〕。

餐盘：巧克力。
上层：好运烘饼／马卡龙／脆饼干／司康〔附有橘子类果酱和德文郡奶油〕。
中层：3 种蛋糕／当季水果。
下层：小羊角面包熏鲑鱼三明治／黑麦面包黄瓜三明治／卡芒贝尔奶酪、腌青西红柿、填馅橄榄。

照片中的套餐为 1 人份。
菜单内容会根据季节有所调整。

1. 店内的侍茶师——石毛纪武，他试喝过的红茶种类超过 100 种，通过了罗纳菲特公司严格考核。以他为首的全体法式酒馆 & 咖啡厅工作人员将为您奉上最优质的服务。

2. 将茶壶放倒，闷一闷茶叶。之后将茶壶倾斜，过滤茶叶。这是罗纳菲特公司特有的睡茶壶，可以抑制茶叶的涩味，凝缩茶叶的香气、风味。

法式酒馆＆咖啡厅从两年前开始引进罗纳菲特公司的红茶。茶单附有茶叶样品，即使是喝茶新手也能轻易看懂，极具魅力。

Tea

　　店内有大吉岭春茶、英式早餐茶、特制伯爵格雷红茶等 6 种暖胃茶，爱尔兰威士忌奶油茶等 4 种风味茶，以及无咖啡因红茶、花草茶、路易波士茶等 19 种茶叶。用餐时可以选择 2 种茶叶，续壶时可以更换茶叶种类。可以添热水。

拥有正宗司康和高性价比的下午茶

时髦餐盘中摆放的食物充分考虑酸甜等味道的平衡，
之后登场的是非常有艺术感的蛋糕。

柴田西点名古屋

住在名古屋的人都知道神之糕点师——柴田武。他甚至将店开到了中国香港。他制作的下午茶，外观令人印象深刻，茶点仿佛飘浮在空中。下午茶中还有他精心制作的特制甜点。

"无论是在中国香港还是在其他地方，现在市面上的下午茶都太贵了。我最开始干这份工作时，是希望顾客可以更加轻松无负担地享受下午茶，老实说，菜单上的价格已经非常便宜了（笑）。"的确，这家甜品店附建有厨房，店中的糕点全部是在那里手工制作，蛋糕套餐一份只要约 80 元人民币，着实非常便宜。这家下午茶餐厅基本没有在媒体出现过。每天接待人数有限，请尽快预约！

1. 茶点的内容会根据季节有所调整，但一定会有下午茶茶点的王道——黄瓜三明治。

2. 蛋糕种类每日一换，一天有 5 ~ 6 种可供选择。蛋糕不只外观很有艺术性，入口瞬间
   那种与众不同的口感和各种味道的平衡也让人回味无穷。

▲ 店家细心考虑到女性顾客的需求，比如在沙拉中加入果冻、附赠鲜奶油等，鲜奶油的卡路里含量要低于德文郡奶油。

Tea

为了突显茶点的味道，店中选用了比较清爽的茶叶——法国达蔓兄弟公司的阿萨姆红茶和大吉岭红茶。热茶可以续添热水。冰红茶、咖啡（冷／热）加约5.31元人民币可以续杯。

第一次茶会

担任本书摄影工作的是摄影师山下广太，
他在摄影时，逐渐产生了想要带女儿体验茶会的想法。
这一篇是专门为小淑女写的"记第一次茶会"，
希望大家可以喜欢山下的文章和照片。

几天前，女儿佐羽突然向我提问道："司康是什么？"作为父亲，我打算给出一个很完美的回答："司康差不多有这么大，厚5厘米左右，有点像饼干，但是不甜，不是面包，它吃起来脆脆的……"

一会儿，已经回到房间的佐羽又跑过来问我："德文郡奶油是什么？"我心想着这次一定要好好回答，于是说道："比黄油要柔软，虽然是奶油，但是不甜，也不咸，就是这样一种东西。"显然，这种答案显得我这个做父亲的实在是不太可靠。

自己虽然知道这些东西，但是猛地被孩子问起来，又解释不出，真是丢脸。

不久之后，我就开始了本书的摄影工作。工作结束后，我将店家赠送的司康和德文郡奶油带回了家，有些得意地说："这个就是司康，这个就是德文郡奶油。"佐羽盯着司康看了一会儿，

▼ 左边第一位：佐羽。旁边穿蓝色上衣的是她的朋友水纪。

▼ 佐羽的朋友小春、日和姐妹。

脸上的表情看不出她是否相信我的说法。接着，她从房间里拿出一本书，翻开某一页，用手指着对我说："看这里，这个。"

只见书上画着：一张铺着红色格子花纹桌布的餐桌上摆着三明治，母亲烤好的司康上抹着厚厚的一层德文郡奶油，外婆自制的橘皮果酱和草莓酱也摆在哪里……

前几天采访的一位甜点师说过，她在小学三年级的时候看到一本书，即便到现在那本书对她而言依旧非常重要。我们还询问了那本书对她的梦想有什么影响。

佐羽现在也是小学三年级。就在这时，所有的故事都联系在一起，巧合得令我吃惊。我开始想着一定要办一场茶会。虽说如此，但我还有工作，佐羽也必须参加附近的祭典活动，帮忙吹奏乐器，实在抽不出时间。双方调整时间的结果就是只有周日上午9点到9点半这半个小时。我们慌慌张张开始准备，当天早晨才通知朋友们，大家急急忙忙聚在一起。准备非常顺利，虽然茶会开得有些匆忙，但只要女孩子们聚在一起，家里就显得非常华丽。因为桌子收拾得非常干净，上面摆好餐具，孩子们的举止也变得优雅起来。虽然时间短暂，但大家看上去都很快乐。

佐羽，下次我们将朋友们悠闲地聚在一起吧。

我自己生平第一次做了三明治。我在摄影时知道了黄瓜三明治，特别想要让大家都体验这份感动。但我不知道夹好面包后应该怎么切。时间一长面包就会变干，所以用玻璃罩罩起来（其实我觉得玻璃罩下面应该放司康）。我开始想买茶具，对历史也有了兴趣，真是服了我自己。

1. 为了女儿的茶会，第一次制作的三明治。

2. 渡边老师送我的纸质蛋糕托盘，上面摆放着从外面买来的杯子蛋糕和摄影时收到的司康。

图书在版编目（CIP）数据

嘿，下午茶 / 日本辰巳出版株式会社编著；谷文诗
译. -- 南京：江苏凤凰科学技术出版社，2017.1
    ISBN 978-7-5537-7496-1

    Ⅰ. ①嘿… Ⅱ. ①日… ②谷… Ⅲ. ①食谱 – 日本②
红茶 – 茶文化 – 日本 Ⅳ. ①TS972.183.13②TS971.21

中国版本图书馆CIP数据核字(2016)第280526号

嘿，下午茶

编　　著	[日]辰巳出版株式会社	
译　　者	谷文诗	
责 任 编 辑	倪　敏	
责 任 监 制	曹叶平　　方　晨	

出 版 发 行	凤凰出版传媒股份有限公司
	江苏凤凰科学技术出版社
出版社地址	南京市湖南路 1 号 A 楼，邮编：210009
出版社网址	http://www.pspress.cn
经　　销	凤凰出版传媒股份有限公司
印　　刷	北京旭丰源印刷技术有限公司

开　　本	787mm×1092mm　1/16
印　　张	13
字　　数	70 000
版　　次	2017年1月第1版
印　　次	2017年1月第1次印刷

标 准 书 号	ISBN 978-7-5537-7496-1
定　　价	45.00元

图书如有印装质量问题，可随时向我社出版科调换。